"十三五"国家重点图书

数学与人文 · 第二十三辑

ics & Humanities

数学群星璀璨

SHUXUE QUNXING CUICAN

主　编　丘成桐　刘克峰　杨　乐　季理真

副主编　王善平

高等教育出版社·北京

International Press

内 容 简 介

《数学与人文》丛书第二十三辑将继续着力贯彻"让数学成为国人文化的一部分"的宗旨，展示数学丰富多彩的方面。

本辑的约稿专栏刊登了由丘成桐先生撰写的"中国基础科学的发展"，以及 FT 中文网专栏作家刘裘蒂就中美科技竞争问题对丘成桐先生的专访。专辑其余部分则主要介绍国外不同时代多位杰出数学家的生平与成就，其中包括阿尔·卡西、弗朗西斯科·塞韦里、埃里克·坦普尔·贝尔、Raoul Bott、Emil Artin、Friedrich Hirzebruch、小林昭七、Daniel Quillen，以及包括拉马努金在内的多位印度数学家。

我们期望本丛书能受到广大学生、教师和学者的关注和欢迎，期待读者对办好本丛书提出建议，更希望丛书能成为大家的良师益友。

丛书编委会

《数学与人文》丛书序言

丘成桐

　　《数学与人文》是一套国际化的数学普及丛书，我们将邀请当代第一流的中外科学家谈他们的研究经历和成功经验。活跃在研究前沿的数学家们将会用轻松的文笔，通俗地介绍数学各领域激动人心的最新进展、某个数学专题精彩曲折的发展历史以及数学在现代科学技术中的广泛应用。

　　数学是一门很有意义、很美丽、同时也很重要的科学。从实用来讲，数学遍及物理、工程、生物、化学和经济，甚至与社会科学有很密切的关系，数学为这些学科的发展提供了必不可少的工具；同时数学对于解释自然界的纷繁现象也具有基本的重要性；可是数学也兼具诗歌与散文的内在气质，所以数学是一门很特殊的学科。它既有文学性的方面，也有应用性的方面，也可以对于认识大自然做出贡献，我本人对这几方面都很感兴趣，探讨它们之间妙趣横生的关系，让我真正享受到了研究数学的乐趣。

　　我想不只数学家能够体会到这种美，作为一种基础理论，物理学家和工程师也可以体会到数学的美。用一种很简单的语言解释很繁复、很自然的现象，这是数学享有"科学皇后"地位的重要原因之一。我们在中学念过最简单的平面几何，由几个简单的公理能够推出很复杂的定理，同时每一步的推理又是完全没有错误的，这是一个很美妙的现象。进一步，我们可以用现代微积分甚至更高深的数学方法来描述大自然里面的所有现象。比如，面部表情或者衣服飘动等现象，我们可以用数学来描述；还有密码的问题、计算机的各种各样的问题都可以用数学来解释。以简驭繁，这是一种很美好的感觉，就好像我们能够从朴素的外在表现，得到美的感受。这是与文化艺术共通的语言，不单是数学才有的。一幅张大千或者齐白石的国画，寥寥几笔，栩栩如生的美景便跃然纸上。

　　很明显，我们国家领导人早已欣赏到数学的美和数学的重要性，在 2000年，江泽民先生在澳门濠江中学提出一个几何命题：五角星的五角套上五个环后，环环相交的五个点必定共圆，意义深远，海内外的数学家都极为欣赏这个高雅的几何命题，经过媒体的传播后，大大地激励了国人对数学的热情，我希望这套丛书也能够达到同样的效果，让数学成为我们国人文化的一部分，让我们的年轻人在中学念书时就懂得欣赏大自然的真和美。

前　言

王善平

中国自改革开放以来，经济飞速发展，科学技术水平也有很大的提高。但在基础科学方面，仍明显落后于欧美国家。中国基础科学落后的深层原因是什么？如何才能推动基础科学的发展？在本辑的专稿"中国基础科学的发展"中，丘成桐先生通过对中西方传统哲学思想的广泛比较，对这些问题予以清晰的解答。

特朗普自就任美国总统以来，不仅在经济领域而且在科技领域，把中国当作主要竞争对手。他一方面推出新签证政策，限制前往美国学习科学、工程、数学和技术的中国人；另一方面防范中国在人工智能等领域超越美国。特朗普政府的一系列措施"对于中国学者到美国进修、就业、拿签证，是不是有所影响？对于'科学无国界'的理念和中美之间科学的研究交流，会不会造成打击？"FT 中文网专栏作家刘裘蒂，就这些受人关注的问题，采访了在中美两国都有重要学术地位的丘成桐教授，本辑以"中美科技竞赛，谁会赢？"为题名登载了这次采访。丘教授在采访中指出："中美友谊已经有很长的历史，超过一个世纪。所以互相尊重，互相扶持，是个双赢的局面。希望两国领导们以这样的原则交流。其实中美在学术界早已有密切的交流，希望不会因为政治上的原因而停摆。"

在数学世界的天穹中，有古今中外无数杰出数学之星在闪耀着各色光芒。他们也是我们认识数学大千世界的路标，指示着数学发展的不同路径。本辑将介绍国外不同时代的几位杰出数学家的生平与成就，以丰富我们的数学史知识。

阿尔·卡西（1380—1429）是 15 世纪初的波斯数学家之一，但对其生平人们知之甚少。数学史研究专家郭园园先生撰写的"波斯数学家阿尔·卡西及其数学著作"，综合前人及本人的研究成果，对卡西的生平和成就做了梳理，并对其三本重要的数学著作（《论弦与正弦》、《论圆周》和《算术之钥》）做了较全面的解读。

由印度理工学院（孟买）国家数学中心主任 M. S. Raghunathan 教授撰写的"天然之玉与琢磨之器：形形色色的印度数学家"，介绍了包括传奇数学家拉马努金在内十多位印度现代杰出数学家的生平和工作，这些印度学者与哈代、韦伊、谢瓦莱等西方著名数学家有密切交往，也对各自的数学发展产生了一定影响。

弗朗西斯科·塞韦里是 20 世纪上半叶意大利代数几何学派的开创者之一，另一方面他与当时以墨索里尼为首的意大利法西斯主义政权有着紧密联系。由档案馆员 Judith Goodstein 和数学教授 Donald Babbitt 撰写的"弗朗西斯科·塞韦里的政治经历以及在代数几何学上的贡献"，以翔实的史料介绍了这位复杂人物的生平和数学成就。

埃里克·坦普尔·贝尔不仅是一位卓有成就的数论专家，而且是多产的诗人、科幻小说家，其数学家传记名著《数学精英》（*Men of Mathematics*）甚至在中国也很有影响。Goodstein 和 Babbitt 合写的"埃里克·坦普尔·贝尔与加州理工学院的数学"，讲述了贝尔如何给美国这所名校的数学研究和应用带来根本变化。

Raoul Bott 是一位重要的现代数学家，其研究兴趣横跨拓扑、微分与代数几何，乃至理论物理领域，硕果累累。本辑登载了他的亲密朋友与合作者、菲尔兹奖获得者 Michael Atiyah 教授写的"与 Raoul Bott 的合作——从几何学到物理学"，以及由其中国学生与合作者杜武亮教授协调主持（作者包括 Rodolfo Gurdian，Stephen Smale，David Mumford，Arthur Jaffe，丘成桐）撰写的文章"怀念一代宗师 Raoul Bott"。

德国数学家 Emil Artin 是近世代数的开创者之一。希特勒和他的纳粹党掌控政权后大肆迫害犹太人，Emil Artin 因其夫人是犹太人而不得不离开德国去美国谋生。Della Dumbaugh 和 Joachim Schwermer 写的"谱写人生新篇章：Emil Artin 在美国"，详述了 Emil Artin 赴美前后的经过，以及他在美国的教学和研究生涯。

Friedrich Hirzebruch 是第二次世界大战结束后德国数学界的领袖人物，对德国数学的复兴发挥了关键作用。2012 年 5 月 27 日，Friedrich Hirzebruch 在德国波恩去世，本辑登载了他的讣告。

本辑还登载了丘成桐教授回忆美国加州大学伯克利分校的几何学教授小林昭七的文章和一首短诗。

Daniel Quillen 是菲尔兹奖获得者，在代数、几何及拓扑方面均颇有建树。本辑登载了由其同事、合作者、学生和家人，共 12 位作者，合写的纪念 Daniel Quillen 的文章。

目　录

《数学与人文》丛书序言（丘成桐）

前言（王善平）

专稿与访谈

3　　中国基础科学的发展（丘成桐）

12　　采访丘成桐：中美科技竞赛，谁会赢?（刘裘蒂）

数学群星璀璨

19　　波斯数学家阿尔·卡西及其数学著作（郭园园）

35　　天然之玉与琢磨之器：形形色色的印度数学家
　　　　（M. S. Raghunathan，译者：林开亮）

58　　弗朗西斯科·塞韦里的政治经历以及在代数几何学上的贡献
　　　　（Judith Goodstein, Donald Babbitt，译者：周畅）

74　　埃里克·坦普尔·贝尔与加州理工学院的数学
　　　　（Judith Goodstein, Donald Babbitt，译者：胡俊美）

96　　与 Raoul Bott 的合作 —— 从几何学到物理学
　　　　（Michael Atiyah，译者：朱南丽）

107　　怀念一代宗师 Raoul Bott（1923—2005）
　　　　（Rodolfo Gurdian, Stephen Smale, David Mumford,
　　　　Arthur Jaffe，丘成桐，协调编辑：杜武亮，译者：朱敏娴）

141　谱写人生新篇章：Emil Artin 在美国
　　　　（Della Dumbaugh, Joachim Schwermer，译者：王航）

153　数学家 Friedrich Hirzebruch 逝世（Bruce Schechter，译者：袁颢）

155　追忆小林昭七教授（丘成桐，译者：卢卫君）

158　Daniel Quillen（编者：Eric Friedlander, Daniel Grayson，译者：王勃）

专稿与访谈

中国基础科学的发展

丘成桐

丘成桐，当代数学大师，现任哈佛大学讲座教授，1971 年师从陈省身先生在加州大学伯克利分校获得博士学位。发展了强有力的偏微分方程技巧，使得微分几何学产生了深刻的变革。解决了卡拉比 (Calabi) 猜想、正质量猜想等众多难题，影响遍及理论物理和几乎所有核心数学分支。年仅 33 岁就获得代表数学界最高荣誉的菲尔兹奖 (1982)，此后获得 MacArthur 天才奖 (1985)、瑞典皇家科学院 Crafoord 奖 (1994)、美国国家科学奖 (1997)、沃尔夫奖 (2010) 等众多大奖。现为美国科学院院士、中国科学院和俄罗斯科学院的外籍院士。筹资成立浙江大学数学科学研究中心、香港中文大学数学研究所、北京晨兴数学中心和清华大学丘成桐数学科学中心四大学术机构，担任主任，不取报酬。培养的 60 余位博士中多数是中国人，其中许多已经成为国际上杰出的数学家。由于对中国数学发展的突出贡献，获得 2003 年度中华人民共和国科学技术合作奖。

1840 年英国发动鸦片战争，入侵中国，结果是生灵涂炭，国家积弱！从官方到平民都问：为什么我们比不上西方列强？开始时人们只看到当时面临的问题：中国不如西方的船坚炮利。到甲午战争，中国大败，海军覆灭，签城下之盟，丧权辱国！打败中国的日本海军竟然船炮都不如当时的中国。八国联军之役，更显露朝野百姓对现代科学之无知！清朝覆灭时，中国人平均寿命不超过 30 岁，这就是当时的惨痛教训。

一百年来，中国学者了解到船坚炮利不是唯一的问题，大家都在找寻中国文化的出路。新中国成立至今，已经六十多年了，科技确有大进步，但是始终没有改变落后于欧美的局面。领导们渐渐了解到基础科学根底未深是主要原因，现在要谈的就是：基础科学的起源和发展的条件在什么地方？

当今发达的科技影响着人类生活的方方面面。飞机极大缩短世界的距离，火箭升空探索宇宙的奥秘。人造卫星不断地绕地球运行，传递着亿万信息。高速公路和高速铁路翻山越岭，四通八达。无人飞机、无人汽车和机器人的能力远远超过我们十多年前的想象。有谁想到人工智能创造出的软件竟然打败了围棋大师！

这些划时代的科技，并不是一蹴而就，在它们的背后，有数不尽的聪明头脑指挥着其发展。有人在硬件上做出杰出的贡献，有人在软件上做出伟大的创新。但是这些成果，都建立在一个最重要的基础上，这就是今天我们要谈的基础科学！基础科学积累了人类几千年的智慧，去芜存菁，我们才见到它在工业上的应用。

有时候，我们可以很快地见到基础科学的应用，电磁学就是一个例子。在19 世纪法拉第和麦克斯韦发现电磁方程后不久，爱迪生等人就将它用到日常生活中去。但是对于有些研究却要等很久人们才见到它们的应用。数论中有很多深奥的理论，人们一直都以为是纸上谈兵。但是在这二十年来，密码学的研究用了大量的数论的前沿理论。

国内有些人认为，基础科学需要有深入的训练，需要有深度的看法，才能有新的结果，好的创意，因此旷日弥久，难有快速成功的机会；不如等待别人做好基础的研究后，拿过来用就是了。但是他们忘记了一点，自己觉悟出来的理论，通过自己劳动得到的结果，自己才最了解它的长短，应用起来才能得心应手。在科技发展一日千里的现代社会，我们非得掌握其中精髓，才能与人竞争。

我想从历史的观点来看看中国基础科学的发展。基础科学有别于科技，它是科技能够得以持续发展的基石。中国古代四大发明，确在当时领先世界，但是对于这些科技发明的基本原理的了解不够深入。到了19 世纪，西方国家在科学技术的发展上，比中国进步得多，甚至大力改进了我们的四大发明。

这些成就得要归功于文艺复兴后，伟大科学家如伽利略、牛顿、欧拉、高斯、黎曼、法拉第、麦克斯韦等人在基础科学上的伟大贡献。

其实基础科学除了帮助科技的创新和发明以外，它亦统摄所有和宇宙中物理现象有关的学问、它必须对大自然有一个宏观的看法，因此需要哲学思想作其支持。此哲学思想又需要有助于人类了解大自然并懂得如何让人类和大自然和谐相处。

近代基础科学家中有不少是极其伟大的学者，他们的学问、他们的思想和工作可以影响科学界数个世纪之久。（近三十年来发表在科技刊物上的文章，不可胜数，文章的篇幅相信远超历史上所有文献总和。但是大部分文章除了作者外，可能没有人读过。而有些文章流行两三年后，就被人遗忘。至于能够传世超过三十年的文章，却是凤毛麟角。）

其中佼佼者有牛顿、欧拉、高斯、黎曼、法拉第、麦克斯韦、爱因斯坦、庞加莱、狄拉克、海森堡、薛定谔、外尔等人。

假如我们仔细去阅读他们的著作，就会发觉他们有一套哲学思想。例如爱因斯坦在研究广义相对论时，就深受哲学家马赫（Mach）的影响。能够传世的科学工作，必先有概念的突破，而这些概念可能受到观察事物后所得到想法的影响，但是更大的可能是他们的哲学观在左右他们的想法，影响到他们的审美观念，从而影响他们研究的方向。

哲学引导我们穷究事物最后存在的根据，探求绝对的根底的原理。因此哲学需要探求一般现象共有的原理，来完成宇宙统一的体系。所以科学家不能局限于感觉的观察，必须经过思辨功夫，方可补其不足！古希腊的哲人在这方面做得极为彻底。

毕达哥拉斯、柏拉图和苏格拉底一方面提出他们的哲学思想，一方面在数学、天文和物理学都有永垂不朽的贡献。

中国的哲学家对大自然有兴趣的有名家和道家，但是他们对自然科学本身的贡献比不上古希腊学者。他们没有系统地发展三段论证的方法，推理不够严谨，又不愿意系统化地研究一般性的原则。魏晋南北朝时，中国产生了出色的基础科学家，但是隋唐虽称盛世，基础科学反不若东汉到南北朝这段时间，可能与科举取士有关。但是我想中国基础科学不如西方，不是单单科举取士扼杀创意，就可以解释过去。这个问题和中国人的哲学思想有极大的关系。

西方哲学家追求的是穷理致知，中国哲学家却顶多做到格物致知。基础科学的精神在于穷理，中国一般学者不讲究这一套。在今日中国的学术界，尤其是这三十多年来留学海外的华裔学者，有成就的实在不少。但是领袖群伦，成一家之言的，却实在不多！有这样地位的学者，必须能够创造新的学问，新的方向，有自己的哲学来指引大方向；同时有决心，有毅力来穷究真理的本源。所以今日中国要在基础科学出人头地，必先了解基本科学背后的哲学思想。

我们现在来讨论中国古代的情形，并试图和古希腊的这个伟大时期做个比较。影响中国思想最深远的当然是孔子（公元前 551—前 479 年）。儒家对基础科学的思想兴趣不大，子不语怪力乱神也。但是夫子有教无类的精神却影响了历代以来平民可以读书、而至卿相的格局。而儒家思想以人为本位。春秋鲁国大夫叔孙豹论三不朽：立德，立功，立言，却不谈大自然的事情。

在儒家的大师中，荀卿（公元前 298—前 238 年）在楚国兰陵讲学多年，他受道家的影响比较深，一方面主张不可知论的唯理主义，另一方面却否认理论研究的重要性，而主张技术的实际应用。

所以他说：

"从天而颂之，孰与制天命而用之！"

"故错人而思天，则失万物之情！"

"故明君临之以势，道之以道，申之以命，章之以论，禁之以刑。故其民之化道也如神，辩说恶用矣哉！"

所以荀子认为政府应该带领和指导人文的发展，老百姓是不必辩说的。这个观点和希腊精神大相径庭。

既然不用辩说，科学无从而起，只有工匠的技术了。荀卿将儒家的正名移交政治权威时，已经十分接近法家，他的弟子李斯成为秦国丞相，作为法家的实践者，就不足为奇了。秦始皇焚书坑儒，政教不分。春秋战国时代百家争鸣的局面从此湮灭，最为可惜。

孔子继承商朝以来祭祀先人的观念，主张服三年之丧，又说：三年无改父之业，可谓孝矣。历朝皆标榜以孝治天下。宗庙祭祀已经接近宗教信仰了。孔子本人受到历朝皇帝的敬拜，中国主要的城市都有孔庙，儒家变成儒教，对基础科学的发展，不见得是好事。

和儒家对立的墨子（约公元前 479—前 381 年），因为主张兼爱和非攻，他精通筑城和防御技术，研究力学和光学。后期墨子开始注意实验科学基础的思想体系，这个想法可能是因为要和各家争辩取得胜利的缘故。

此后出现的战国时的惠施和西汉时的公孙龙，被史学家司马谈和班固尊称为名家。他们的著述大部分失传，《公孙龙子》一书，部分留存，还有一部分载在庄子的书中。他们开始注意抽象的逻辑理论，发展了悖论。这些悖论和希腊芝诺（Zeno of Elea）的悖论接近。悖论有助于逻辑学的发展，可惜中国在这方面的研究远逊于西方。

在齐国，邹衍（约公元前 350—前 270 年）得到齐宣王的尊重，在稷下这个地方发展了五行学说和阴阳的观念。稷下学宫容纳几乎各个学派的学者。上述的荀卿在 50 多岁时就曾游学稷下，其他学者包括淳于髡、慎到、田骈等。在那个时候，楚国的兰陵，齐国的稷下，是天下学术中心，比美古希腊时代柏拉图的学苑（academy）。

邹衍提出的五行概念是中国的自然主义，也是科学的概念。他们认为木克土，金克木，火克金，水克火，土克水，循环又周而复始。邹衍的学说很受诸侯的重视。《史记·历书》说："是时独有邹衍，明于五德之传，而散消息之分，以显诸侯。"又说："而燕齐海上之方士传其术不能通，然则怪迂阿谀苟合之徒自此兴，不可胜数也。"

虽然古希腊和中国五行学说有相似的地方，但是分歧更大。五行的概念也影响了炼丹术的发展。汉儒董仲舒等继续发扬五行之说。西方的元素概念从柏拉图就开始，不断地通过推导，观察，形成现代的原子、化学元素的概念。但是中国的阴阳和五行学说虽然开始时是自然科学的思维，但是逐渐发展为解释人事的学说，近于迷信了。

现在来谈道家。儒家和道家影响了中国两千多年来的思想，不可不研究它的内容。和道家有关的著作有老子的《道德经》，庄周的《庄子》，还有《列子》、《管子》和《淮南子》，何炳棣先生认为都源于《孙子兵法》。事实上，道家应该起源于战国初期喜欢探索大自然之道的哲学家。他们认为要治理人类社会，必须对超出人类社会的大自然有深入的认识和了解。

道家也受到齐国和燕国的巫师和方士这些神秘主义者的影响。他们认识到宇宙和自身都在不断地变化。他们对于自然界的观察转移到实验，炼丹术成为化学、矿物学和药物学研究的开始。可惜他们不能将观察系统化，缺乏亚里士多德对事物分类的能力，又没有创造一套适用于科学的逻辑方法。这是很可惜的事情！

综观上述诸子，在春秋战国时，百家争鸣，影响了中国思想两千多年的历史。现在很多年轻人即使不在乎这段历史文化，却是受到它们的深刻影响而不自知。汉武帝独尊儒家，中国还是受到道家思想的影响。魏晋南北朝时，基础科学达到空前的发展，刘徽注《九章算术》，祖冲之父子计算圆周率和球体积，以及《孙子算经》的剩余定理，都是杰出的数学成就。

东晋医学家葛洪（公元 284—364 年）开创中国化学的研究基础。天文和地理（如《水经注》）都达到空前的进步。可惜中国在隋唐以后对基础科学不够重视，以技术为主要方向，清末遇到西方现代科学文化的冲击，才开始了解中土文化有欠缺的地方。

一般来说，中国人对定量的看法并不重视，往往愿意接受模棱两可的说法。一个例子是中国的诗词有很多极为隐晦的语句，但是却富有意境！中国人在算命时，答案往往有不同的解释。

但是当测量师、木工、建筑师、雕塑家、音乐家得到精细的数字时，我们的学者对这些数字却没有兴趣去做深入的研究，从这点上，我们就可以看到中国学者对科学的态度和西方不一样。中国人对于和政治德行无关的学问，都不觉得重要。

例如文学创作，到三国魏文帝曹丕才说：盖文章，经国之大业，不朽之盛事！（但是他的弟弟曹植就不认为文学的创作比治理国家重要。）所以自古以来，学而优必仕！中国学者很少能够为做学问而做学问，少有西方学者穷理治学的精神。这一点和东西哲学不同有关，中西方对人生的看法也不一样。

西方的科学，都可以溯源到古希腊时代。从公元前 625 年到公元前 225 年间，哲学家辈出，穷理致知。到柏拉图和亚里士多德的时候，更将哲学范围扩大，包括讨论宇宙和人生的一切。

古希腊的科学观和宇宙观，在文艺复兴和人文主义开始时，由培根（Francis Bacon）和笛卡儿（René Descartes）发扬光大，影响到今日基本科学的想法，所以我们在下面纵述古希腊哲学家的源流，以和中国哲学比较，从中可以看到中国基础科学落后于西方的原因。

哲学的任务，在于聚集一切的事物，总集一切的知识，构成整个的宇宙观和人生观的基础。但是有系统的哲学研究，大致上从公元前 625 年开始。希腊哲学的奠基时代从这年开始到公元前 480 年（该年，希腊海军打败波斯人，亦是孔子卒前一年）。公元前 625 年到公元前 480 年的早期希腊哲学，开始摆脱希腊神话的传统思维，转而探寻本源。这个时期希腊哲学分东西两派。

东派以泰勒斯（Thales，公元前 640—前 550 年或公元前 610—前 545 年）为代表，他可说是古代第一位几何学家、天文学家和物理学家，开始了论证的方法，并提出本质的观念（idea of nature）。他生于米利都（Miletus），是米利都哲学学派的创始人。此地濒临大海，海洋变化多端，因此有好奇心来考究与自体相同而同时能运动的宇宙本质。他们认为物质之中，含有精神的要素。他们主张宇宙为生灭流转之过程，无始无终的大变化。

西派有爱理亚学派（Eleatic school）和毕达哥拉斯学派（Pythagorean school）。爱理亚学派的创导者是齐诺芬尼斯（Xenophanes，公元前 570—前 475 年），他定居于意大利西南部的爱理亚，认为构成宇宙的原始本质是不变的。这和东派相反。此派学者芝诺（Zeno of Elea，公元前 490—前 430 年）是辩证法（dialectics）和诡辩术（sophistry）的始祖。

西派的另一代表为毕达哥拉斯学派。毕达哥拉斯（Pythagoras，公元前 540—前 500 年或公元前 582—前 540 年）。他是小亚细亚附近的萨摩斯岛人（Island of Samos）。他在意大利南部的克罗多纳（Crotona）讲学，以神秘宗教为背景，此种神秘宗教盛行于色雷斯（Thrace）。该学派每年有年会，狂歌狂饮，以图超脱形骸的束缚，谋求精神的解脱。毕氏的贡献以音乐、数学及天文学为主。

他们认为数是万有之型或相（form），并认为宇宙的实体有二，就是数与无限的空间。一切事物的根本性质和"存在"，是基于无限的空间之形成于算数的具体方式。数是"存在"的有限方面，而空间是"存在"的无限方面。真的"存在"即是两方面的联合，缺一不可。数是自然事物的方式或模范，它预备了"模型"（mould）。无限的空间则供"原料"（raw material）。二者相合而万象生。

此派的宇宙观念，认为世界万有以火为中心，天体有十，绕火作运动，开以后哥白尼（Copernicus）的天文学说。毕氏亦研究音乐，量弦之长短，以定音，是故音亦数也。值得一提的是，易经系辞中所谓"象"，实即 form。谓："易者，象也"，"圣人立象以尽意"。易经认为在变化的现象中，抽出不变的概念，而以简单的方式表达，是所谓象。这个观念和上述的数的概念很接近。

泰勒斯和毕氏学派均主张宇宙本土为一元之说，一派主变，一派主不变。一派主动，一派认为动是假象。为解决这些矛盾，遂有调和派的多元论产生。他们以为变易非变形，乃换位，是大块中各小分子的换位，生灭都不过是位置的变易而已。创造是新结合，破坏不过是分子的分散而已。

这段时期的希腊哲学家认识到知识界的有秩序和感觉界的无秩序。他们的秩序是研究天文学得来的。他们寻求的永存不变的原理是在诸星单纯的关系中所发现的。

在公元前 480 年，雅典战胜波斯以后，希腊文明逐渐移入雅典，进入了希腊启蒙时代（the Age of Enlightenment）。这时由伯里克利（Pericles）执政，达 39 年之久。

这段时期，名家辈出：雕刻家菲狄亚斯（Pheidias），悲剧大师欧里庇得斯（Euripides）、埃斯库罗斯（Aeschylus）和索福克勒斯（Sophocles），历史学家希罗多德（Herodotus）和修西得底斯（Thucydides），哲学家普罗泰戈拉（Protagoras）、苏格拉底（Socrates）和德谟克里特斯（Democritus）。

在这段时期，平民政治代替了贵族政治，问政需要知识，法庭声辩需要才智，因此学问要求也愈益迫切，同时更加普及化，对政治，对法律，对传统和对自己都加以批评，呈现了灿烂的奇观。

波斯战争以后，文化得到自由发展，个人觉醒，由怀疑而批评的精神发展到了极点。由批评而入于怀疑的，当时叫作辩者（sophists）或哲人，复由怀疑而再入于肯定的代表人物，则是苏格拉底（Socrates，公元前 469—前399 年）。他生于雅典，是这时代最重要的人物。他认为知识即道德，而道德即幸福。

哲人原文为智者，他们教授平民文学、历史、文法、辩论术、修辞学、伦理学和心理学等学科。哲人运动，长达百年。希腊小孩子学习体育和音乐，所谓音乐包括几何学、七弦琴、诗歌、天文、地理和物理等，16 岁起受教于这些哲人。

苏氏的主要继承人为柏拉图（Plato，公元前 427—前 347 年），也是雅典人，美仪容，好美术诗歌，师从苏格拉底八年，40 岁后在雅典郊外成立学园（academy），可说是教育史和学术史上之盛事！他认为有两个世界：理念的世界（world of ideas）和物质（现象）的世界，前者为至善，后者要达到至善需通过爱（Eros），人类于不完全中求完全的渴望乃是爱。

柏拉图之后，他的学生亚里士多德（Aristotle）集希腊哲学家科学之大成，他是亚历山大大帝的老师。他的学说宏博无比，我们常用的三段论证法，即源于亚里士多德。

公元前 338 年腓力二世赢得喀罗尼亚战役，结束了希腊的独立。两年后，他被刺身亡。他的儿子亚历山大继位，在十二年间征服了一大片土地，希腊文化走向了终结，他开辟了一个新的希腊化时代，把希腊文化输送到了亚洲的心脏地带。他 33 岁去世。

亚历山大的朋友托勒密（Ptolemy）成为埃及的总督。他在公元前 320 年征服了巴勒斯坦和下叙利亚。在希腊人的统治下，埃及成为东方和西方的融合处，亚历山大城聚集了马其顿人，希腊人，埃及人，犹太人，阿拉伯人，叙利亚人，印度人。因此希腊的城邦观念被世界主义的观念取代了，这里建立了亚历山大博物馆，希腊文化因此移植到埃及来。

在这里诞生了欧几里得（公元前 325—前 265 年）和他的《几何原本》（Elements）。该书有十三卷，前六卷讨论平面几何，第七卷到第十卷讨论算术和数论，后三卷讨论立体几何。这本书受亚里士多德的公理化理论影响，将很多重要和已知的数学定理用公理严格地统一起来，影响了基础科学的发展。牛顿和爱因斯坦对物理现象都想用简洁的原理来统一说明，这也是《几何原本》所追求的精神。

在数论方面，欧几里得证明了一个漂亮的命题：素数有无穷多个。这个命题开创了素数的研究。他发明的找寻最大公约数的方法，现在叫作欧几里得算法，至今还是一个很重要和实用的工具。

紧跟着欧几里得的大数学家有西西里岛上的阿基米德（公元前 287—前 212 年）。他发明了穷竭法，从而可以计算各种立体和平面几何图形的体积和面积（例如球体以及抛物线和曲线围绕出来的面积），可以说开近代微积分的先河。他又用逼近法计算圆周率，还开创了静力学和流体力学，影响到牛顿力学的发展。

欧几里得和阿基米德以后，罗马帝国兴起，疆域横跨欧亚大陆，将希腊文化传播得更远。但从基础科学的观点来看，罗马帝国征服了希腊，却被希腊文化征服了。波斯人和阿拉伯人倒是保护了希腊的文化，融合了古巴比伦人在代数方面的贡献，继续发扬光大。

近代基础科学萌芽于希腊，茁壮于文艺复兴时代，我们以上的论述基本上集中在公元前 625 年到公元前 225 年这四百年间的希腊文化，无论从哪个角度看，这是人类文明的极致，现代科学成功的基础。

结语

科技的发达，固然是现代先进国家富强和持续发展最重要的一环。科技依赖于基础科学的发展。哪个国家能够引领科技的发展，其必将强大，哪个国家能够引领基础科学的发展，其强大必定会历久不衰！科学家是有血有肉的人，所以基础科学家需要人文科学来培养他们的气质和意志！

哲学是统摄这些学问的根源，基础科学需要哲学的帮助，才能不断创新前进。中国和古希腊大约都在公元前 6 世纪开始哲学的研究，但是由于种种不同的历史原因，中国在西方文艺复兴后，大幅落后于西方。这个问题需要从最基本的哲学观点来解决，这样始能够解决我国科学工作者对于科学的基本态度，才能更深入了解基础科学的价值观念。

中国人重视人事关系，远比真理为重。如何解决这个问题是中国科学现代化的重要一环。我还记得在某人声称解决一个有名问题的方法被数学界公认为错误时，某个名学者（基于感情的立场）还是大力吹捧此人的结果。另外一个名学者则坚持支持这个不合科学精神的论断。我很难想象西方的科学家愿意这样做。在真理面前，人人平等！但是这个显而易见的科学精神，在中国没有被重视。

当伽利略在教皇面前坚持他的学说时，义无反顾。在西方，学者都坚持这个精神。但是在中国，即使到最近，还有人用政治的观点来批判广义相对论，又往往用民族主义的观点来评判学问的得失。自从汉儒做伪经，学者互相抄袭以来，少数学者对于抄袭不再有廉耻心。近几年来，个别名学者公然抄袭，被指控而无法辩驳后，还恬不知耻。如果由这样的人领导中国科学界，恐怕是中国科学争取上游的主要绊脚石。我想中国社会能够容忍这样的人，和中国人的基本哲学有关。

在不同时代，中国学者表现的风骨并不一样。一个有名的事件发生在1958 年的“中研院”，蒋介石受邀请到台北南港致开幕词。他认为“中研院”除了要维持中国文化外，也要负起社会的责任。胡适之当时任院长，当即站起身说：您错了，“中研院”是为学问做学问，不讲究这一套！蒋介石虽然不高兴，但没有表示出来！胡适之的勇气却受人钦佩。其实这是两个不同的看法，蒋介石说的是中国儒家的精神，而胡适之说的西方求真的精神确是中国学者缺乏的。

但是希腊亡于罗马，宋朝亡于蒙古人。他们的文化远胜于后者！其实这两个看法不应该有矛盾。有一群人可以一生致力于文艺和基础科学的研究，另外一大群人做技术上的研究，一群人将技术变成产业。几方面一同合作，社会和国家才会得益。

采访丘成桐：中美科技竞赛，谁会赢？

刘裘蒂

采访者按：2017 年 12 月 18 日，美国总统特朗普在他的第一次国家安全战略演说中，称中国为"对峙的政权"，认为中国试图"挑战美国的影响力、价值观和财富"。而一份总结美国国家安全战略的新文件更进一步把中国和俄罗斯都标记为"修正主义者"，指责它们想"塑造一个与美国价值观和利益背道而驰的世界"。

特朗普对于维护美国国家安全而提出的战略蓝图，其中指出："中国的主导地位在它所处地区和其他地区，都会削弱许多国家的主权。"这个战略要求在亚洲地区打造更强有力的传统联盟和新的伙伴关系，来面对地缘政治竞争，并就此提议了一项新政策：限制签证，以防止外国人盗用知识产权，特别是前往美国学习科学、工程和技术的中国人。

以商业利益挂帅的特朗普政府不止一次提到中美之间的科技竞争。其实在特朗普就任总统之前，美国国防部已经对中国在人工智能方面的大量资源投入敲响警钟，这受到了《纽约时报》、《新闻周刊》等很多美国主流媒体的高度关注。

特朗普政府在谈论对华贸易不平衡时，也经常影射中美之间的科技较量，包括中国国务院的《新一代人工智能发展规划》。该规划提出的重点任务包括 2030 年中国的人工智能理论、技术与应用总体达到世界领先水平，成为世界主要人工智能创新中心。并且中国政府准备投入 1000 亿至 1500 亿美元打造中国本土半导体产业，宏伟目标是实现 2025 年中国产业所消耗芯片的 70% 为国产，到 2030 年在各类芯片的设计、制造和封装上达到世界先进水平。

不论我们愿不愿意承认，中美之间的科技竞赛现在已经日益白热化，牵涉的不仅仅是科学研发、商业创业，更有军事和政治。在这场中美的科技竞赛里，中国能够如期"蛙跳"而赶上、甚至超越美国吗？

特朗普国家安全战略的导向，对于中国学者到美国进修、就业、拿签证，是不是有所影响？对于"科学无国界"的理念和中美之间科学的研究交流，会不会造成打击？

我想谈论这些问题，没有人比数学家丘成桐更有资格了。丘成桐是哈佛大学终身教授，微分几何和数学物理界泰斗，他证明了卡拉比猜想，以他的名字命名的卡拉比—丘流形概念，成为物理学中弦理论的基础。丘成桐在 1982 年成为第一个获得菲尔兹奖（号称数学界的诺贝尔奖）的华人，1994 年获得克拉福德奖，2010 年成为第二位获得沃尔夫奖的华人数学家。他是美国科学院院士和中国科学院外籍院士。

我特别想听听丘成桐对于中美科技竞赛的看法，因为他目前也是清华大学丘成桐数学科学中心的主任，对于美国和中国科学界以及教育界，都有亲身的体验。长久以来，丘成桐批评中国的大学基础科学教育薄弱，我很好奇，中美目前在人工智能和大数据等多方面的竞赛，会不会由于中国基础科学研究的薄弱而受到影响？另外，中国学生现在会不会趋向于更容易套现的人工智能、大数据、云计算等实用领域，而抛弃了基础科学中的数学和物理？

以下是最近我对丘成桐做的一次访谈。

刘裘蒂：最近有一个很流行的名词是"中国特色"。您认为科学无国界吗？还是中国的科学界将会以一种"中国特色"发展？如何描述这个"中国特色"在科学研究中的体现？

丘成桐：基础科学总是合乎自然界的规律，放诸四海而皆准，确实没有国界。至于科学的应用，因时制宜，因地而改变，可以有地方的特色。但是基础科学的范围宏大，一群科学家聚集在一起，有不同的性格、不同的品位，在选择研究对象的时候，会受到文化氛围的影响。文化深厚的国家，往往对基础科学会有更深入的贡献，但是有些国家，例如美国，是全球精英荟萃的地方，因此也受到其他地方文化的影响；反过来说，在美国产生的科学文化，就长期地引领世界多方面的发展。

汉朝、唐朝、宋朝的科技曾经在世界领先，却是以应用为主导。

另一方面，16 世纪的意大利，17 世纪以后的英国、德国和法国，对近代科学做了奠基性的工作，因此应用科技的发达程度远远超过古代中国，其间的发展，受到文艺复兴以后西方哲学文化的深度影响。

在 20 世纪早期，中国的科学也深受欧美的影响，例如李政道、杨振宁、丁肇中、钱学森、陈省身等人，都受到欧美大师的指导。1949 年以后，中国的科学开始受到苏联的影响。华罗庚和陈景润等人就受到苏联数学家维诺格拉多夫的影响。中国科学界现在正在摸索自己的特色，但是还没有完全成熟。

刘裘蒂：20 世纪原子弹的发明过程，就是一个多国之间的科学竞赛。您认为现在的科学研究，是不是避不开国防、国家安全、国际关系的敏感考虑？

丘成桐：良好的基础科学，对于科技可以有各种不同的应用，对人类文明有极大的贡献，但是也可以毁灭人类文明。例如原子物理的学问可以用来制造原子弹，但是也可以去产生原子能，解决世界能源的问题。所以联合国和各国政府需要有效地控制科学在社会上可能产生的灾难。

举例来说，现在很火热的人工智能以后必定会在战争中得到大量应用，可以大规模地毁灭人口，必须受到控制。

刘裘蒂：特朗普最近在演说中提到对于中国学者的防范，因为他们可能对于美国在知识产权及国家安全方面产生威胁。其中被点名的领域包括了数学，为什么基础科学（如数学）会被点名？

丘成桐：现在的特朗普政府不欢迎某些国家的科学家的政策，违背了美国建国以来立国的精神，不被美国的名校认可，我认为他们这个立场必定会改变。

我不知道特朗普政府对数学的研究采取什么态度，有可能注意力是在人工智能和大数据方面，不在基础数学。数学是基础科学之母，它是一切应用科学的基础，可能是因为这个缘故，特朗普政府才注意它。

刘裘蒂：根据您的观察，美国现在已经收紧了对中国学者到美国求学和就业的签证吗？

丘成桐：我目前还没有发现你说的现象。可能美国政府的政策还没有开始执行，也可能哈佛大学有办法吧。

刘裘蒂：我也听人说，在中国获得了"千人计划"的头衔或是项目资金，便会受到美国联邦调查局的高度关注。据您了解，是不是真有这样的情况？

丘成桐：我的朋友说在网上有很多华裔学者表示有这个可能性。其实在三十年前，华裔学者和学生刚开始到美国时，美国的情报部门就会问我：他们在干什么？他们每隔半年就问我关于我的几个学生，例如曹怀东、田刚、李骏等人在干什么。

刘裘蒂：从李文和、陈霞芬，到郁小星，不少华裔学者在美国遭到法律上的诬陷，目前在美国搞研究的中国学者，是不是人心惶惶？

丘成桐：暂时还未达到人心惶惶的地步，但是大家都有所警惕。

刘裘蒂：能不能谈谈您现在研究的重点？还有请您科普一下，这些研究的方向是不是跟大数据、云计算、人工智能等应用领域有所重叠？

丘成桐：我主要研究的对象是几何学及微分方程，它们和弦理论、广义相对论及一些应用数学有关。

刘裘蒂：您现在在中国带什么样的项目和学生？每年在中国待多长时间？

丘成桐：我今年在哈佛休假，6 月以来都在中国，也讲课，也带学生。

刘裘蒂：在中国得到政府或是企业的资助吗？

丘成桐：我最主要的精力是在清华大学的数学科学中心，还有中国科学院的晨兴数学中心也花了我很多功夫，各有突出的成就，已经领先全国。我在浙江大学也创办了一个数学中心，一直以来做得很成功，十多年前就将浙江大学的数学排名提升到全国第三，但是这十年来，由于人事的变动，浙江大学只给这个中心每年 200 万元经费，在这种微弱的经费支持下，这个中心根本不可能做任何事情，现在浙江大学数学也因此排名第十以下了，甚至达不到教育部的第一流标准。

刘裘蒂：谈谈中国现在的双创环境，是不是"创业"多于"创新"？

丘成桐：创业多过创新。

刘裘蒂：在创业的环境主导下，是不是有更多的中国学子投入大数据、云计算、人工智能等热门、可以及时套现的"实用"领域？

丘成桐：创业有很多方向，没有基础科学和理论的支持，你说的国内最热门的应用科学，恐怕只是跟着欧美来发展，难以理解为中国特色。

刘裘蒂：您曾经评论中国基础科学研究薄弱，现在还持同样的观点吗？这对中国想要在人工智能、云计算、大数据等领域"蛙跳"，会有什么样的影响？

丘成桐：现在还是很薄弱，但是比以前好多了。所有具有深远前景的科技，必须要有理论的支持。中国对于理论的投入还是不够。

刘裘蒂：去年美国国防部针对中国的人工智能投入发布了白皮书，受到《纽约时报》等媒体的高度关注。特朗普政府经常抨击中国政府主导的科技投资。您觉得中美已经展开全方位的科技竞赛了吗？

丘成桐：美国在科学上的投资和基础，已经比不上从前，但还是远远超过中国，暂时中国的科技落后于美国，还谈不上竞争，我们还在学习。但是现在中国正在沿着正确的方向前进，找到大量一流的人才，不单单是中国海外留学生，还有非华裔的学者都开始到中国来工作，我相信中国在短期内会大有改变。科学研究的竞争，只要是公平的，是为了人类的幸福和对自然界的了解来进行的，没有一个国家应该去批评其他国家在科研上的投入。

刘裘蒂：所谓中美科技竞赛，对于像您这样在两边都有项目的学者，在接受资助或培育人才上，会有什么样的影响和顾忌？

丘成桐：在纯属研究基础科学的问题上，没有顾忌，只要有好的项目，在美国和中国一起做，应该没有问题，至少中美的高校都认可这个看法，我们认为这是双赢的事情。

刘裘蒂：请您谈谈目前中国和美国进行科技竞赛时的优势和劣势。在哪些领域，您认为中国更有后来居上的可能？

丘成桐：美国在大部分科技上，仍然领先中国，但是中国四十年改革开放很成功，基础已经打下，要迎头赶上，并不困难。如果政府用人用经费，处置得当，短期内可以在很多项目上，挑战其他国家的科技成就。至于什么项目最容易超前，杨振宁先生二十多年前就提出：数学是最容易超前的，我很赞成这个看法，即使到今天，这个看法还是正确的，但是中国一些学术机构的领导人却误导了数学的研究方向，急功近利，在基础数学还没有打好基础前，就全力去发展比较不踏实的应用数学的一些分支，结果应用数学也没有做好。这种做法与成功的美国名校的做法背道而驰。所以要超前，需要有深度的看法。要领先世界，现在的中国在很多方向是可以达到的。事实上，在数学的某些发展方向，我们在清华大学的数学科学中心已经名列世界前茅。

刘裘蒂：中国要在中美科技竞赛中超前，必须在教育和行政方面做怎样的变革？

丘成桐：要打破院士专制的传统，打破官僚做法，打破外行领导内行的作风。

刘裘蒂：作为学者，您期待看到中美之间在科研方面如何合作？

丘成桐：中美友谊已经有很长的历史，超过一个世纪。所以互相尊重，互相扶持，是个双赢的局面。希望两国领导们以这样的原则交流。其实中美在学术界早已有密切的交流，希望不会因为政治上的原因而停摆。

编者按：本文原载于 FT 中文网

http://www.ftchinese.com/story/001075768?full=y

数学群星璀璨

波斯数学家阿尔·卡西及其数学著作*

郭园园

郭园园，1981 年生人，天津人。中国科学院自然科学史研究所副研究员，主要研究方向为数学史。

吉亚斯丁·贾姆希德·麦斯欧德·阿尔·卡西（Ghiyāth al-Dīn Jamshīd Mas'ūd al-Kāshī 或 al-Kāshānī）约 1380 年生于卡尚（Kāshān，位于今伊朗），1429 年 6 月 22 日卒于撒马尔罕（Samarkand，位于今乌兹别克斯坦），天文学家，数学家。罗森菲尔德（B. A. Rosenfeld）和尤什科维奇（A. P. Youschevitch，1906—1993）曾在吉利斯比（Gillispie）主编的《世界科学家传记大辞典》（*The Dictionary of Scientific Biography*）第七卷中对阿尔·卡西的生平和数学著作进行过简要介绍 [1]。本文基于前人的工作和对卡西现存三本主要数学著作相对全面的解读[1)]，加之近些年的相关研究成果，对卡西的生平及其数学著作等相关内容做了进一步的梳理。

1. 阿尔·卡西的生平及主要成就

现存关于卡西生平的各种信息零散残缺，有些甚至是相互矛盾。按照苏特（H. Suter）的观点，卡西卒于约公元 1436 年；但是肯尼迪（E. S. Kennedy）根据一本印度官方版本《哈加尼历》（*Khaqānī zīj*）中标题页的注释指出卡西卒于 1429 年 6 月 22 日（伊历 832 年 9 月 19 日）。[2)]

阿尔·卡西出生时，正逢帖木儿（Timur，1336—1405）帝国迅速崛起。1383 年，帖木儿占领波斯并定都于哈烈（Heart，位于今阿富汗）。1405 年，帖木儿去世，其帝国被他的两个儿子分裂为两个国家，其中一个儿子是沙鲁

*本文获得"中国科学院自然科学史研究所十三五重大突破项目丝绸之路科技传播"（基金号：Y621011011）项目资助。

1) 本文将要介绍的卡西三本数学著作，在内容上相互交错渗透，只有全面研读才能更好地理解这些内容。

2) 参考文献 [1]，256.

克（Shāh Rukh，d. 1449）。连年的征战和帖木儿生前所推行铁血的军事政策，导致帝国内的经济严重衰退，卡西从小便生活于贫困之中。当沙鲁克继位后，他改变了其父亲的政策，大力开展经济建设，并支持人文、艺术、科技的发展，社会环境有了明显改观。与此同时，在卡西生平中第一件有确切日期记载的事件发生了，由《哈加尼历》可知他于 1406 年 6 月 2 日，在卡尚进行了一次月食观测 [2]。此后的一段时间，他一直在卡尚从事天文观测和天文书籍的编写工作。

据现有史料，卡西在 1407—1416 年完成了 5 本天文学著作。1407 年 3 月 1 日，他在卡尚写成了《天堂的阶梯》（ *the Sullam al-samā', The Stairway of Heaven* ）一书，此书主要论述天体的距离与大小，并将其献给了一位名为卡马尔丁·马哈茂德（Kamāl al-Dīn Mahmūd）的高官；他于 1410—1411 年间完成了一本名为《天文学纲要》（ *Mukhtas ar dar 'ilm-I hay' at, Compendium of the Science of Astronomy* ）的书，并将其献给苏丹伊斯坎达尔（Sultan Iskandar）。1413—1414 年，卡西完成了《哈加尼历》，巴托尔德（Bartold）认为卡西可能将此书献给了当时的统治者沙鲁克；但肯尼迪（E. S. Kennedy）指出卡西应该将此书献给了沙鲁克的儿子，也是当时撒马尔罕的统治者乌鲁伯格（Ulugh Bēg，1394—1449）。《哈加尼历》的序言部分表明卡西很早就在卡尚从事天文学研究，且生活清贫，如果没有乌鲁伯格的资助，他不可能完成此书，因此他可能将这本书献给了乌鲁伯格；1416 年 1 月，卡西完成了《观象仪器的说明》（ *Risāla dar shar-i ālāt-i rasd, Treatise on Observational Instuments* ），书中介绍了包括浑仪（armillary sphere）在内的 8 种天文仪器的构造，其中有些是卡西的独创。卡西将此书献给了土库曼王朝苏丹伊斯坎达尔（Sultan Iskandar，与前面提到过的苏丹同名）；同年 2 月 10 日，他在卡尚完成了一本名为《花园游览》（ *Nuzha al-adāiq, The Garden Excursion* ）的书，卡西在其中描述了一种他发明的名为 "天象盘"（Plate of heavens）的天文仪器，其形状像 "星盘"（astrolabe），可以确定行星的黄经、黄纬、留（station）、逆行（retrogradation）以及到地球的距离等。1426 年 6 月，他在撒马尔罕对这本书进行了补充。

与其他的中世纪科学家类似，卡西也将其科学著作献给君主或权贵以获得经济上的资助和社会地位。卡西还有另一份医生的职业，但是他仍将大部分的时间和精力用于数学与天文学的研究上。经过一段时间徘徊之后，他最终在撒马尔罕找到了自己的归宿。卡西的后半生是在撒马尔罕度过的，但是他何时到此地尚无法考证。

撒马尔罕是中亚的一座古城，它后来成为帖木儿帝国的首都，沙鲁克及其子乌鲁伯格成为该城的统治者。乌鲁伯格是一位伟大的科学家，精通天文，而且是科学、艺术的倡导者与保护人，并且试图将撒马尔罕建设成为一个巨大的文化中心，事实上，直至 1449 年乌鲁伯格被暗杀之前，在长达四分之一个世纪的时间里它成为东方最重要的科学中心。乌鲁伯格于 1417 年至 1420 年在撒马尔罕创办了一所教授科学和神学的学校——马德拉萨（Madrasa）。19 世纪史学家阿布·塔希尔·霍集占（Abū Tāhir Khwāja）指出，马德拉萨建成后四年，乌鲁伯格开始修建一座天文台，其遗址在 1908—1948 年期间被发掘。乌鲁伯格邀请了包括阿尔·卡西、卡迪·扎达·鲁米（Qadi Zada al-Rumi, 1364—1436）在内的众多当时最优秀的科学家来马德拉萨和天文台任教和工作。阿布·塔希尔·霍集占记录了 1424 年乌鲁伯格与卡西、鲁米及另一位来自卡尚的科学家穆恩丁（Mu'in al-Dīn）讨论天文台的修建事宜。在撒马尔罕，卡西继续他在数学和天文学领域的研究，并且参与天文台的组建与《乌鲁伯格历》（*Ulugh Beg's Zij*）的准备工作，但此书直至卡西去世后才得以完成。卡西应该在乌鲁伯格的科学家团队中占有最显赫的地位，15 世纪史学家密尔宽德（Mirkhwānd，1433—1498）在涉及撒马尔罕天文台修建过程的评述中指出除了乌鲁伯格之外，只有卡西可以称得上是"第二个托勒密"；18 世纪史学家赛义德·拉基姆（Sayyīd Raqīm）细数了天文台的主要建造者，并将他们均称为"毛拉纳"（maulanā，一种阿拉伯语中科学家的称法），但是他还指出卡西是"maulanā-i ālam"（即"世界的毛拉纳"）。

　　到目前为止，人们已经发现了在此期间卡西给居住于卡尚的父亲写的两封信 [3, 4]。第一封信大约写于 1423 年，可能是卡西认为这封信丢了，所以写了另一封信。在第二封信中包含了与第一封信相似的内容，除此之外还有一些其他信息 [5]。在两封信中，卡西均高度评价了乌鲁伯格的博学及其数学才能，尤其是他具有较强的心算能力。卡西还指出，有一次乌鲁伯格邀请他担任天文台的主持工作；据此，苏特认为卡西便是天文台的第一任台长，随后卡迪·扎达·鲁米继任，但是这点值得商榷。在乌鲁伯格主持的关于天文学问题的会议上，学者们可以自由讨论，但是通常这些问题对于其他人而言都会很难，只有卡西和卡迪·扎达·鲁米可以解答，有时甚至只有卡西一人可以解答，而且卡西与鲁米一直保持着很友好的关系。在信中卡西还讲述了一些关于建造天文台和仪器的有趣事情，通过这两封信以及其他的一些史料可以很明显地看出卡西是当时乌鲁伯格最亲密的合作伙伴和顾问，同时乌鲁伯格对于卡西疏忽宫廷礼仪以及缺乏良好的生活习惯亦很包容。乌鲁伯格对卡西给出了很高的评价，在《乌鲁伯格历》的序言中，他说：

　　　　"……他是一位伟大的科学家，是世界上最优秀的学者之一，他通晓古代科学并且能够推动其发展，他可以解决世界上最困难的问题。"[3)]

[3)]参考文献 [1]，256.

由上可知卡西在来到撒马尔罕之前就已经完成了一些较好的天文学著作,但是他的主要数学著作却是在撒马尔罕完成的。据现有史料,在此期间卡西主要完成了三本数学著作:《论弦与正弦》(*Risāla al-water wa'l-jaib, The Treatise on the Chord and Sine*)、《论圆周》(*Risāla al-muhitiyya, The Treatise on the Circumference*)和《算术之钥》(*Miftāh al-hisāb, The Key of Arithmetic*)。下文会对这三本书的版本、内容等信息做进一步的论述。

虽然阿尔·卡西取得了巨大的成就,但遗憾之处在于其工作并没有对后世,尤其是欧洲数学产生多少影响,尤什科维奇这样评述道:

> ……尽管阿尔·卡西在中世纪代数学领域取得了最辉煌的成就……但是其所做的工作并不为后世的欧洲人所知晓,仅仅是在 19 和 20 世纪被科学史家们重新进行研究……[4]

2. 阿尔·卡西的数学著作之一——《论弦与正弦》

土耳其历史学家哈吉·哈里发(Hājjī Khalīfa, 1609 — 1657)曾列出卡西的著作,其中包括《论弦与正弦》(*Risāla al-water wa'l-jaib, The Treatise on the Chord and Sine*)。该书的成书时间不详,但是由于在《论圆周》的结论部分以及在《算术之钥》第四卷第 4 章第 5 节中,卡西对相关内容有所引用,故其应在二者之前完成。该书的原本已经遗失,但目前至少有 5 本著作或文章:

(1)鲁米《如何求 sin1° 的值》(*On the Explanation of the Determination the Sine of One Degree*);

(2)阿里·古什吉(al-Qūshjī, 1403 — 1474)《乌鲁伯格历中天文算表评注》(*The Comentary on Ulugh Beg's Astronomical Tables*);

(3)米林·切列比(Mīrim Chelebī, d. 1525, 卡迪·扎达·鲁米的孙子)《天文算表的应用与修正》(*Dustūr al-'amal wa tashīh al-jadwal, The Rules of the Operation and Correction of the Table*);

(4)阿里·比里安迪('Abd al-'Alī al-Bīrjandī, d. 1528)《乌鲁伯格历评注》(*The Commentary on the Zīj-I Ulugh Beg*);

(5)匿名作者所著《论 sin1° 值的算法》(*Risāla fī stikhrāj jayb daraja wāhida, Treatise on the Determination of the Sine of One Degree*)。

它们均明确指出卡西曾创造了一种迭代算法可以求出 sin1° 的精确值。sin1° 值的精确与否直接关系到整个正弦表的精度,故学界通常将 sin1° 值的求法视为卡西《论弦与正弦》一书中的重要内容。其中上述第 5 篇文章大量转引卡西求解 sin1° 值的方法,故此文长久以来一直是学界关注和研究的热

---

[4] 参考文献 [1],257.

点。罗森菲尔德和霍根迪耶克（Jan P. Hogendijk）曾撰文 [6] 对此匿名文章的版本、作者归属等问题进行了论证。

目前已经发现该匿名文章的 8 份抄本，分别收藏于柏林、开罗、伊斯坦布尔、德黑兰等地。据罗森菲尔德考证，1881 年伊朗学者可能基于其中的伊斯坦布尔抄本（Istanbul Kandilli Observatory no. 76）将其在德黑兰印刷出版。罗森菲尔德以此 1881 年印刷本为底本，同时利用上述柏林抄本（目前收藏于柏林洪堡大学科学图书馆，该抄本是 20 世纪初开罗抄本——National Library, Mustafā Fādil riyāda no. 37——的一个抄本）对其进行比对校订，附于正文[5] 之后，同时将其译为英文。该文章首先详细转引卡西求解 sin1° 值的方法，随后给出匿名作者自己的一种改进算法。当涉及卡西的名字时，经常称之为"亲爱的兄弟"。经考证，罗森菲尔德认为该匿名作者可能是卡迪·扎达·鲁米、乌鲁伯格、古什吉中的一位。尽管无法确定，但有一点可以肯定，他必定是当时在乌鲁伯格天文台工作的数学家。下面笔者基于罗森菲尔德的英译文，同时结合阿拉伯语部分，将卡西求解 sin1° 值的方法进行简要介绍。

卡西首先给出并证明了托勒密《至大论》中的两条几何引理：

（1）圆内接任意四边形的两组对边分别构成的矩形面积之和等于其两条对角线构成的矩形面积。在现代三角学中，该命题等价于公式：$\sin(\alpha \pm \beta) = \sin\alpha\cos\beta \pm \cos\alpha\sin\beta$。

（2）对于圆上任意弧 AB，有：

$$\frac{\text{直径} - \text{弧 } AB \text{ 的余弧弦}}{\left(\dfrac{\text{弧} AB}{2}\right)\text{所对弦}} = \frac{\left(\dfrac{\text{弧} AB}{2}\right)\text{所对弦}}{\text{半径}}.$$

在现代三角学中，该命题等价于公式：

$$\sin^2\left(\frac{\alpha}{2}\right) = \frac{1 - \cos\alpha}{2}.$$

接下来卡西介绍了一些代数学的基本概念，为了便于理解，下面简要介绍卡西之前的相关阿拉伯代数学背景。

中世纪阿拉伯数学家们在代数学领域取得了辉煌的成就，这最早可以追溯到 9 世纪阿拉伯数学家花拉子米（Al-Khwarizmī，约 780–约 850）《代数学》[6] 一书，该书的全名为《还原与对消之书》（kitāb al-jabr wa al-muqābala）。书中将"还原"定义为：将方程一侧的一个减去的量移到方程的另一侧变为

---

[5] 此处指参考文献 [6].

[6] 花拉子米《代数学》一书的译本及研究文献较多，较为权威的译本读者可以参考：Roshdi Rashed, *Al-Khwārizmī Le Commencement Del'Algèbra*, Librairie Scientifique et Technique, 2006.（法阿对照本）Roshdi Rashed, *Al-Khwārizmī: The Beginnings of Algebra*, SAQI, London, 2009.（英阿对照本）

加上的量，例如：$5x + 1 = 2 - 3x$ 变为 $8x + 1 = 2$，这就是一个"还原"过程；"al-muqābala"的意思是将方程两侧的同类项消去，此处译为"对消"，例如：$8x + 1 = 2$ 化为 $8x = 1$，这就是一个"对消"过程。后世的阿拉伯数学家逐渐用"还原"一词来代替整个还原与对消算法，最终其演变为今天的"代数"（algebra）一词。当时的阿拉伯数学家仅考虑含有正根的方程，很明显通过这两步运算任何方程都可以化为一些正项之和等于另外一些正项之和的形式。在花拉子米的书中，线性方程和二次方程一定可以化为如下六种形式之一：

$$ax^2 = bx, \quad ax^2 = b, \quad ax = c, \quad ax^2 + bx = c,$$
$$ax^2 + c = bx, \quad bx + c = ax^2 \quad (a, b, c > 0).$$

随后，花拉子米将上述方程的二次项系数化为 1，这需要将方程两侧的各项系数进行相应的比例变化，则上述方程化为下面的六种标准形式：

$$x^2 = mx, \quad x^2 = m, \quad x = m, \quad x^2 + mx = n,$$
$$x^2 + n = mx, \quad mx + n = x^2 \quad (m, n > 0).$$

接下来，花拉子米给出方程的解法，尤其是针对后三种方程，花拉子米给出与今天相同的公式解法。花拉子米的这本书基本确立了后世阿拉伯代数学中，方程化简和方程求解这两条主要发展脉络。首先在一般高次方程求解领域取得突破性进展的是奥马尔·海亚姆（Omar Khayyam, 1048—1131）[7]，海亚姆在其著作《代数论》（*Treatise on Algebra*）[7] 中，与其先辈们相同，在仅考虑正根与正系数的前提下，首先给出了三次及以下全部 25 种方程的分类[8]。海亚姆最大的贡献在于他对这 25 类方程均给出了基于希腊数学知识的几何解法，尤其是对 13 种复杂的三次方程分别利用两条圆锥曲线相交的方法给出其几何解。海亚姆的继任者萨拉夫·丁·图西（Sharaf al-Dīn al-Tūsī, 1135—1213）已经不能满足于这种对于方程解"定性的描述"，图西在其《方程》[8] 一书中对于海亚姆的上述内容进行了全面的发展，在方程的"定量求解"方面迈出了重要一步。图西最大的贡献在于他基于已有的"印度算数"中的开方算法——这些开方算法很可能为海亚姆所知或所创——针对每一类

---

[7]奥马尔·海亚姆相关著作较为权威的校译本读者可以参考：R. Rashed et. B. Vahabzaded. *Al-Khayyam Mathematicien.* Paris: Librairie Scientifique et Technique Albert Blanchard, 1999.（法阿对照本）2000 年，基于上述版本，该书被译为英文：R. Rashed and B. Vahabzaded. Omar *Khayyam The Mathematician.* New York: Bibliotheca Persica Press, 2000.（英译本，不包含阿拉伯语部分）

[8]涉及两项的情形：$1-6$：$x = a, x^2 = a, x^3 = a, x^2 = ax, x^3 = ax, x^3 = ax^2$；涉及三项的情形：$7-18$：$x^2 + ax = b, x^2 + b = ax, ax + b = x^2, x^3 + ax^2 = bx, x^3 + bx = ax^2, ax^2 + bx = x^3, x^3 + bx = c, x^3 + c = bx, x^3 = ax + b, x^3 + ax^2 = b, x^3 + b = ax^2, x^3 = ax^2 + b$；涉及四项的情形：$19-25$：$x^3 + ax^2 + bx = c, x^3 + ax^2 + c = bx, x^3 + bx + c = ax^2, ax^2 + bx + c = x^3, x^3 + ax^2 = bx + c, x^3 + bx = ax^2 + c, x^3 + c = ax^2 + bx$。

方程有规律地构造出了系列算法，这些新的算法巧妙地处理了由于方程低阶系数的引入而产生的初次估商以及如何将低阶系数融入其后续机械算法等方面的问题。

现在回到《论 sin1° 值的算法》一文，在相关代数学的介绍部分，卡西仅提到了一位名为马苏迪的数学家，原文如下：

> ……古代的数学家们及其继任者们解释了当问题最终转化为这六类问题之一时如何求解未知数，事实上这也局限了他们。由于其他类型的问题太难、太深，且很少有实际问题可以导致其他类型的问题，故后世的数学家们除了这六类问题很少会求解其他类型的问题。直至毛拉·萨拉夫·丁·穆罕默德·伊本·马苏德·马苏迪（Mawlā sharaf al-Dīn Muhammad ibn Mas'ūd al-Mas'ūdī）的出现才解决了另外 19 个问题……[9]

卡西同样在《算术之钥》第五卷第 1 章相关内容中提及了马苏迪的名字，关于他的信息我们了解很少，仅有 16 世纪土耳其史学家哈吉·卡里发曾记载过马苏迪是一位 13 世纪的数学家，此处卡西指的应该是他的著作《论还原与对消》（Risāla al-Jabr wa'l-muqābala, Treatise of Algebra and Almucabala）[10]。但据现有史料仅有萨拉夫·丁·图西（Sharaf al-Dīn al-Tūsī, 1135—1213）给出了全部 25 类三次方程的数值解法，很显然卡西并不知道海亚姆和图西的工作。

接下来卡西构造了连续三边为 2° 圆心角所对弦的单位圆内接四边形（其第四条边为 6° 圆心角所对弦），设 2° 圆心角所对弦长为 x ($= 2°$ 弧弦 $= 2\sin 1°$)，则由前面的两条几何引理容易推导出关于 x 的方程：$3x = AD + \dfrac{x^3}{3600}$，其中 AD 为 6° 圆心角所对弦 ($= 2\sin 3°$)，它可以由 $\sin 72°$、$\sin 60°$，利用 $\sin 12° = \sin(72 - 60)°$ 及半角公式计算出足够的精度。此处卡西取 $AD = 6(60^0), 16, 49, 7, 59, 8, 56, 29, 40$。随后卡西利用算表计算出 $x = 2\sin 1° = 2(60^0), 5, 39, 26, 22, 29, 28, 32, 52, 33 \rightarrow \sin 1° = 1(60^0), 2, 49, 43, 11, 14, 44, 16, 26, 17$。卡西算法的本质是构造迭代算法，使得每次运算能够准确求出未知数的首位，随后构造减根变换方程继续运算。

---

[9] 参考文献 [6]，38.

[10] Hājjī Khalīfa, kashf al-zunūn 'an asāmī al-kutub wa'l-funūn. Lexicon bibliographicum et encyclopaedicum. (Arabic edition and Latin translation by G. Flügel), Leipzig and London 1835—1858, 7 vols.

3. 阿尔·卡西的数学著作之二——《论圆周》

《论圆周》成书于 1424 年，书中卡西利用互为相似的圆内接、外切正 3×2^{28} 边形周长的算术平均数作为圆周的近似值，在半径为 1 的单位圆中圆周长表示 2 倍圆周率，在第 6 节中将该值用六十进制分数表示出来：$6(60^0), 16, 59, 28, 1, 34, 51, 46, 14, 50$；在第 8 节中将其转化为十进制小数：6.2831853071795865。基于现有史料，若仅从圆周率的计算精度角度看，卡西首次打破了中算家祖冲之（429—500）保持了约千年的纪录。

该书的抄本为阿拉伯语书写，目前该书主要现存的抄本有土耳其伊斯坦布尔军事博物馆抄本[11]、伊朗马什哈德中央图书馆抄本[12]、伊朗德黑兰国会图书馆抄本，此外在德国、印度、俄罗斯、乌兹别克斯坦等国家的多个图书馆中也能找到该书的抄本。[9]

由于语言和史料等因素，该书的研究文献较少。1949 年，德国数学史家勒基（Paul L. Luckey, 1884—1949）基于伊斯坦布尔军事博物馆抄本，首次将该书译为德语并进行了初步研究。直至其去世后的 1953 年，该德文译本 [10] 才出版，同时附有校订后的印刷体阿拉伯原文。1888 年，伊朗学者将卡西的著作搜集整理成书（*Majmū*）并于次年出版，其中包括《算术之钥》和《论圆周》。1954 年罗森菲尔德和尤什科维奇将此版本译为俄文并出版[13]；罗森菲尔德教授指出他所得到的阿拉伯语抄本存在一些错误，故 1956 年罗森菲尔德又将其中的《算术之钥》及《论圆周》两本书的合集重新校译，并附上研究性评论出版[14]。与其他抄本不同的是，其中包含了土耳其天文学家米林·切列比（Mīrim Chelebīm d. 1525）大量的评注。[15]

此外，1971 年伊朗学者夸巴尼（A. Qurbānī）完成了一本关于卡西在数学和天文学领域所取得成就的专著[16]。其中关于《论圆周》一书，夸巴尼基于马什哈德中央图书馆抄本、勒基和罗森菲尔德的研究写了一篇波斯文摘要。2004 年，美国学者艾札瑞（K. Azarian）基于马什哈德中央图书馆抄本，将

---

[11] 阿拉伯语抄本第 576 号。

[12] G. al-Dīn Jamshīd M. al-Kāshī, *al-Risāla al-muhītīyya*. Number 162 of the mathematics collection (Number 5389 of the general collection) of the central library of the Āstān Quds Razawī, Mashhad, Iran. 该抄本为卡西本人所书写。

[13] B. A. Rosenfeld and A. P. Youschkevitch, *Al-Kāshānī, Istorico-matematiches kie Issledovaniya*, Volumu VII, Moscow, 1954.

[14] B. A. Rosenfeld, *Al-Kāshī Klyuch Arifmetiki*, Traktat ob Okruzhnosti (The Key to Arithmetic; The Treatise on the Circumference), Moscow: Gosudarstvennoe Izdatel'stvo Tekhniko-teoreticheskoi Literatury, 1956, 263—319.

[15] 参考文献 [1]，260.

[16] A. Qurbānī, *Kāshānī nāmeh* [A monograph on Ghiyāth al-Dīn Jamshīd Mas'ūd al-Kāshī], Tehran University Press, Tehran, Iran, 1971. Revised edition 1989.

《论圆周》第 1 节全文译为英文 [11]；2010 年，艾札瑞基于马什哈德中央图书馆抄本和夸巴尼的上述著作写了一篇关于《论圆周》主要内容的摘要性文章[17]。该书包括序言、正文和结论三部分，其中正文部分包含 10 节，下面笔者基于勒基德文译本中所附阿拉伯语部分将《论圆周》的主要内容作简要介绍：

在介绍部分中，卡西简要叙述了以往三位著名的数学家阿基米德（Archimedes, 前 287—前 212）、阿布·瓦法（Abu'l-Wafā' al-Būzjānī, 940—998）和阿尔·比鲁尼（Abū Rayhān al-Bīrūnī, 973—1050）的相关工作。卡西首先指出阿基米德在其《圆的度量》一书中通过圆内接正 96 边形及与其相似的圆外切多边形得出圆的周长小于三倍直径加上其七分之一，大于（三倍直径）加上直径的七十一分之十。接下来针对阿布·瓦法的工作，卡西指出阿布·瓦法将圆周分为 360 度，首先求出半度所对弦长，随后将其乘以 720 便得到圆内接多边形周长，圆外切多边形求法与之类似。但阿布·瓦法的计算有误，关于这点将在本书的结论部分中说明。类似地，阿尔·比鲁尼利用其得出的单位圆中 2° 弧所对弦长 $2(60^0), 5, 39, 43, 36$，求得圆内接 180 边形的周长为 $6(60^0), 16, 59, 10, 48, 0$，同理求出相似外切 180 边形的周长为 $6(60^0), 17, 1, 58, 19$。卡西指出 2° 弧所对弦长恰为正弦表中 $\sin 1°$ 值的 2 倍，但比鲁尼的取值有误，准确值应为 $2(60^0), 5, 39, 26, 22$，这点同样在结论部分加以说明。在介绍部分的最后，卡西给出了他所要求圆周率的精度要求，即若存在一个直径为地球直径 600 000 倍的球体，使得通过此直径所求得的圆周长与真实值之间的误差小于一根马鬃的宽度。显然不满足于前人相关运算的精度与误差是卡西《论圆周》的直接写作目的，同时对于前人正弦表的纠正及其所要求圆周率误差精度的选取应与当时的天文运算有关。

在前两节中卡西通过几何证明得出从单位圆内接正 $3 \times 2 = 6$ 边形入手，利用迭代算法得圆内接正 3×2^n 边形的边长为 $\sqrt{2 - \sqrt{2 + \cdots + \sqrt{2 + \sqrt{3}}}}$，进而得到其周长；随后利用相似性得出相应圆外切正 3×2^n 边形的周长，取内外多边形周长的算术平均数作为圆周长。卡西在《算术之钥》第四卷（图形的面积与体积计算）第 4 章（圆及其相关图形的计算）第 2 节（圆的面积及周长与直径之间的互化）的开始部分明确了对圆周率无限不循环的朴素认识，故上述迭代算法不可能无限进行下去。于是卡西在第 3 节开始部分叙述道：

> 现在有一个球，其直径为地球直径的 600 000 倍，则其周长同样为地球周长的 600 000 倍。要求其周长，为了使得误差不超过一根马鬃的宽度，则需要将圆周分为多少边形？在运算过程（每次开方运算需要）精确到什么数位？[18]

---

[17] 参考文献 [9].

[18] 参考文献 [10]，77.

卡西通过详细合理的误差估计得出若从圆内接正 3×2 边形入手，经过 28 次连续将边数加倍的迭代运算可以得出每边的长度，随后乘以边数 3×2^{28} 便可以得到内接多边形周长，进而求出圆周；同时得出每次开方运算的精确值应达到 60^{-18}，这样才能满足预设的圆周率精度。

第 4 节是《论圆周》数值算法的核心，卡西首先叙述道：

> 将 $2(60^1)$ 加到正六边形边长，即 $1(60^1)$ 上，得到 $3(60^1)$；再将其进一位得到 $3(60^2)$；取其平方根再加上 $2(60^1)$。将所得之和再次进一位，并取其平方根，重复 28 次相同的运算。[19]

随后便是 28 张算法相同、结构类似的大型开平方算表。卡西在此并没有解释算表中使用的相关算法，但是在《算术之钥》第一卷中分别给出了详细说明。最后得出半径为 60 的单位圆内接正 3×2^{28} 边形边长所对弧的补弧弦为：

$$\sqrt{2 + \cdots + \sqrt{2 + \sqrt{3}}} \approx 1(60^1), 59, 59, 59, 59, 59, 59, 59, 59, 59, 50, 47, 52, 12, 30, 48, 37, 49, 54, 40(60^{-18}).$$

在勒基的德文译本中，所附的阿文中并没有包含第 5 节的标题，从第 6 节的论述可知，第 5 节中仅包含求解圆内接正 3×2^{28} 边形边长的开平方算表，即利用勾股定理，从直径的平方中减去第 4 节中第 28 张算表所得平方根的平方[20]，随后将所得进行开平方运算，有：

$$\sqrt{2^2 - \left(\sqrt{2 + \cdots + \sqrt{2 + \sqrt{3}}}\right)^2} \approx 6(60^{-4}), 4, 1, 14, 59, 36, 14, 33, 36, 19, 25(60^{-14}).$$

在第 6 节中卡西将第 5 节得到的 3×2^{28} 边形边长乘以边数得到其周长 $6(60^1), 16, 59, 28, 1, 34, 51, 46, 14, 49, 46$；随后利用第 2 节中内外多边形周长的比例关系来求圆外切多边形周长：$6(60^1), 16, 59, 28, 1, 34, 51, 46, 14, 50, 15$；随后用二者的算术平均数表示圆周长。第 6 节最后卡西指出当单位圆半径为 60 时，圆周为：$6(60^1), 16, 59, 28, 1, 34, 51, 46, 14, 50$。若半径为 1，则圆周数值不变，但单位要后退一位，即相当于卡西所给 2π 的取值为：$6(60^0), 16, 59, 28, 1, 34, 51, 46, 14, 50$。第 7 节主要说明第 4 节中的 28 张算表精确到 60^{-18} 已经能够满足预设精度要求，卡西对所有迭代开方算表及相关数据往后精确计算一位，结果对预设的误差精度不会产生任何影响。在第 8

---

[19]参考文献 [10]，80。

[20]用直径的平方 4 减去第 28 张算表所得平方根的平方，等价于用 2 减去第 27 张算表所得平方根，随后求所得差的平方根。此处看似不需要第 28 张算表，但是第 4 节仍然计算第 28 张算表的原因是为了第 6 节中求解圆外切正 3×2^{28} 边形边长所需。

节中，卡西将前面求出半径为 1 的单位圆周长，相当于 2 倍圆周率直接转化为印度数码，得到二倍圆周率等于 6.2831853071795865，随后将其分别乘以 1 至 10 之间的每一个整数并列表，这样便于通过印度数码表示的半径求圆周，或是通过印度数码表示的圆周来求半径。在第 9 节中卡西利用第 6 节和第 8 节中 2π 的两张倍数表，分别举例如何利用类似于第 6 节中的表格算法通过半径来求圆周，以及通过圆周来求半径。在第 10 节开始部分卡西比较了当时常用的 2 倍圆周率 $6\frac{2}{7}$ 与前面经过迭代运算所得精确值，进而比较在通过半径求解圆周时对于误差的影响。通过随后的两个例子，卡西想要表达当圆的半径不大或是误差精度要求不高时，可以采用较为简单形式的圆周率数值；如果圆的半径较大且误差精度要求较高时，例如进行天文运算时应采用较为精确的圆周率数值。在结论部分，卡西主要解决了《论圆周》开始部分中所提及的阿布·瓦法与阿尔·比鲁尼运算错误的问题，其中包含了大量的有关弦表的运算，笔者认为这些内容应属于卡西的《论弦与正弦》。

4. 阿尔·卡西的数学著作之三——《算术之钥》

《算术之钥》成书于 1427 年 3 月 2 日，这是卡西著作中篇幅最大的一本，它几乎涵盖了当时全部的初等数学知识，堪称一部初等数学大全。它除了满足一般学生的需求外，对于从事实际工作的读者，如天文学家、测量员、建筑师、商人等也有帮助，其内容包括算术、几何和代数。其丰富的数学内容，清晰而详尽的论述使得这本长篇著作可以称得上是中世纪最好的数学著作之一，此书证明了卡西渊博的学识及其出色的教学才能。由于这本书质量较高，在长达数百年的时间里被多次抄写。

《算术之钥》的阿拉伯文抄本现保存于圣彼得堡（原列宁格勒）、柏林、巴黎、莱顿（荷兰）、伦敦、伊斯坦布尔、德黑兰、麦什德（伊朗）、巴特那（印度）、白沙瓦（巴基斯坦）、兰布尔（印度）。其中最重要的抄本分别位于圣彼得堡（Publ. Bibl. 131）、莱顿（Univ. 185）、柏林（Preuss. Bibl. 5992 和 2992a，以及 Inst. Gesch. Med. Natur. I.2）、巴黎（BN. 5020）、伦敦（BM. 419）和印度（Office 756）。[21]

1888 年，伊朗学者将卡西的著作搜集整理，汇编成书（Majmū），并于次年出版，其中包括《算术之钥》。据编辑者指出其使用了相关的五个抄本，但是主要依据莱顿抄本。1954 年罗森菲尔德和尤什科维奇将此版本译为俄文并出版[22]；1956 年二人又将其中的《算术之钥》及《论圆周》两本书的合集

---

[21] 参考文献 [1]，261.

[22] B. A. Rosenfeld and A. P. Youschkevitch, *Al-Kāshānī, Istorico-matematiches kie Issledovaniya*, Volumu VII, Moscow, 1954, 13−326.

重新校译出版[23]，拉希德（R. Rashed）认为这不是一个权威版本 [12]。1967年，埃及学者阿尔·德梅达斯（A. S. al-Demerdash）与阿尔·谢赫（M. H. al-Cheikh）以莱顿抄本为主要底本出版了一个阿拉伯文版本并附有评注 [13]；1977 年叙利亚学者阿尔·纳布斯（al-Nabulsi）以前者为底本出版了另一个阿拉伯文版本 [14]，修订了其中的错误并添加了大量的插图。

勒基曾对《算术之钥》的部分内容进行了翻译和研究，并留有一本德文专著 [15]。拉希德结合 20 世纪 70—80 年代以来最新的阿拉伯数学史研究成果于 1984 年出版了一本法文版的关于阿拉伯算术和代数的专著 [16]，其中对卡西的工作及其地位给出了新的评价，1994 年此书被译为英文出版[24]。

《算术之钥》分五卷，分别为：第一卷、整数的算术；第二卷、分数的算术；第三卷、天文学家的计算法（六十进制数码的算术）；第四卷、图形的度量；第五卷、用还原与对消及"双试错法"求解未知数。在第一卷中卡西叙述利用印度数码进行加减乘除和开方算法，勒基曾于 1948 年撰文[25] 对此问题进行过研究，他简要论述了卡西高次开方的方法，即若求解方程：$x^n - Q = 0$，首先估算出方根中最高数位的整数 $x_0 = [Q^{\frac{1}{n}}]$；得到：$Q = x^n = (x_0 + x_1)^n$，随后继续求解 x_1，其方根求法与"鲁菲尼–霍纳算法"（The Ruffini-Horner method）相同。如果方根为无理数，即 $a < \sqrt[n]{a^n + r} < a + 1\ (a, r \in \mathbf{N}^+)$，则方根分数部分的近似求法公式为：$\dfrac{r}{(a+1)^n - a^n}$。卡西在书中大部分是利用文字语言叙述算法，这可以说是一种"修辞式"数学。随后卡西给出了"算术三角形"以及构造二次项系数的一般方法。由于当时所知只有在纳西尔·丁·图西（Nasīr al-Dīn al-Tūsī, 1201—1274）于 1265 年所著的《土板算术》（Jāmi' al-hisāb bi'l takht wa'l-tuzāb, "*Arithmetic by Means of Board and Dust*"）中出现过与卡西的"算术三角形"相同的构造方法，因此勒基对于这些内容的来源也不是很清楚。他猜测这可能源于奥马尔·海亚姆，并且很可能受到了中国数学的影响。1960 年，德克赫勒（A. K. Dakhel）曾就《算术之钥》第三卷第 5 章中的六十进制数码开方问题的算法原理进行过研究并从抄本照片对此部分内容进行翻译，但并没有从历史学角度对其来源进行分析 [17]。勒基的观点在很长的一段时间占据着主导地位，尤什科维奇在 1956 年的《算术之钥》俄文译本的序言部分，1967 年阿文校订本的序言部分，以及德克赫勒在其论文中都重复了勒基的工作及结论[26]。但是随着拉希德对萨马瓦尔

---

[23]B. A. Rosenfeld, *Al-Kāshī Klyuch Arifmetiki*, Traktat ob Okruzhnosti (The Key to Arithmetic; The Treatise on the Circumference), Moscow: Gosudarstvennoe Izdatel'stvo Tekhniko-teoreticheskoi Literatury, 1956, 7–262.

[24]参考文献 [12].

[25]P. Luckey, *Die Ausziehung des n-ten Wurzel und der binomische Lehrsatz in der islamischen Mathemarik*, Math, Annalen 120, 1948, 217–274.

[26]参考文献 [17], 143, Note 10.

（al-Samaw'al，约 1130 — 约 1180）[27] 等人著作的研究，《算术之钥》中的高次开方、无理根的近似逼近以及算术三角形都可以找到其直接的阿拉伯数学来源，很多内容甚至直接可以追溯到 10 世纪阿拉伯数学家凯拉吉（al-Karaji，953 — 约 1029）的著作中，故拉希德并不接受相关算法的中算来源的说法。

通常人们认为十进制小数是由 16 世纪荷兰人斯蒂文（Stevin）首先发明，但是 1948 年，当勒基[28] 指出在卡西的《算术之钥》第三卷中给出了与斯蒂文相同的十进制小数明确的定义及计算法则，才改变了人们长久以来的错误认识。在勒基的著作发表之后的许多年里人们一直认为是卡西发明了小数，但是后来拉希德的工作指出这也是错误的。这是由于小数的概念在凯拉吉学派中几位著名的数学家，尤其是萨马瓦尔早已给出。拉希德深刻评价了卡西的贡献，他指出卡西《算术之钥》一书在原创性方面的贡献有两点：

第一、分别比较了分数、六十进制数码与十进制小数；

第二、十进制小数不再仅仅用来逼近代数数，而是还可以用来表示类似于 π 的实数。

……

卡西不能被认为是十进制小数的发明者，但是尽管如此，通过其对数学知识的描述，不能将其简单地视为一个数学知识的编纂者。在十进制小数的发展历史上，他比萨马瓦尔的认识更为深刻并将其提到一个崭新的高度。[29]

另外，德国数学史家 Dold-Samplonius 曾经就《算术之钥》中的几个问题进行过讨论[30]，例如他讨论过有关壁龛（muqarnas）的测量问题，这是一种在清真寺和宫殿中使用的用以遮掩墙角和接缝处的装饰。这种装饰是用相似的钟乳石做成的大量的三维多面体的组合，其中有些面是平面，有些面是曲

---

[27]萨马瓦尔的主要著作有两本：一本是《光辉代数》，1972 年由 S. Ahmd 和 R. Rashed 共同校订出版，其为阿拉伯文版并附有法文简介（S. Ahmd and R. Rashed eds., al-Samaw'al, al-Bahir en algebra, Damascus, 1972）；另外一本是名为 al-Qiwami fi al-Hisab al-Hindi (1172—1173) 的算术著作，此书全文已经遗失，但是其第三卷的抄本得以保存，详见：参考文献 [12], 143, Note 8.

[28]P. Luckey, Die Rechnenkunst bei Gamsid b. Masud al-Kasi (Wiesbaden, 1951).

[29]参考文献 [12], 127−134.

[30](1) Y. Dold-Samplonius, Qubba for al-Kāshī: a videocassette (Providence, RI, 1995). (2) Y. Dold-Samplonius, The 15th century Timurid mathematician Ghiyath al-Din Jamshid al-Kāshī and his computation of the Qubba, in S. S. Demidov et al. (eds), Amphora: Festschrift for Hans Wussing on the occasion of his 65th birthday (Basel- Boston- Berlin, 1992), 171−181. (3) Y. Dold-Samplonius, Practical Arabic mathematics: measuring the muqarnas by al-Kāshī, Centaurus 35 (3−4) (1992), 193−242. (4) Y. Dold-Samplonius, al-Kāshī's measurement of Muqarnas, in Deuxième Colloque Maghrebin sur l'Histoire des Mathématiques Arabes (Tunis, 1990), 74−84.

面，卡西利用十进制小数来计算所有部分的面积。此外还有"穹窿（*Qubba*）"问题，这是一种名人去世后纪念物的圆顶，卡西在《算术之钥》中描述了求出穹顶的近似表面积和体积的方法。

《算术之钥》全书内容丰富，层次清晰，卡西给出了准确的章节划分。全书共五卷，37 章，可分为算数（前三卷）、几何（第四卷）和代数（第五卷）三部分。尽管这三部分处于独立的章节，但是它们之间的知识体系又相互渗透，形成一个有机整体，很好地诠释了微积分产生前的初等数学知识体系。下面笔者基于《算术之钥》1967 年印刷版本[31]，列出该书的汉译目录，并以此将该书的主要内容呈现出来：

第一卷、印度整数的计算

1.1 印度数码的书写及数位表示；1.2 加倍、减半、加法和减法运算；1.3 乘法运算；1.4 除法运算；1.5 求乘方的平方根、立方根或其他（高）次方根；1.6 平衡数 [弃九法]；

第二卷、分数的运算

2.1 分数及其各部分的定义；2.2 分数的书写方法；2.3 倍数、非互素和互素；2.4 假分数与带分数；2.5 异分母间分数的通分；2.6 复合分数的化简；2.7 分数的加倍、减半、加法与减法运算；2.8 分数的乘法运算；2.9 分数的除法运算；2.10 当分数的分子分母为有理数时求分数方根的运算；2.11 异分母分数间的互化；2.12 al-Doanic (الدوانيق)、al-Tsasaj (الطساسيج)、al-Msairat (المشعيرات) 之间的乘法运算；

第三卷、天文学家的运算

3.1 数码的定义及书写；3.2 加倍、减半、加法与减法运算；3.3 乘法运算；3.4 除法运算；3.5 开方运算；3.6 将六十进制数码转化为印度数码；

第四卷、图形的面积与体积运算 [包括引言和九部分]

4.0 引言；4.1 三角形面积及其相关运算；4.2 四边形面积及其相关运算；4.3 多边形面积及其相关运算；4.4 圆及其相关图形的计算；4.5 前面没有提到的剩余平面图形面积的运算；4.6 柱体、锥体、球体及其相关立体图形曲面面积的运算；4.7 立体图形体积的运算；4.8 部分物质重量与其体积之间的互求；4.9 建筑物中面积与体积的相关运算；

第五卷、通过还原与对消及"双试错法"等基本方法来求解未知数

5.1 还原与对消；5.2 如何通过"双试错法"来求解未知数；5.3 在求解未知数过程中可能遇到的五十种基本类型运算；5.4 四十道练习题：包括遗赠、遗嘱和继承问题。

---

[31] 参考文献 [13].

5. 结语

　　阿尔·卡西是 15 世纪初当时世界范围内著名的科研中心——撒马尔罕天文台最优秀的科学家之一，他的一生为我们留下了宝贵的数学和天文学财富。近些年来学界对卡西的数学著作做了进一步研究，这不仅对于重新评价卡西的学术成就，更对于进一步梳理 15 世纪初阿拉伯代数学、三角学和天文学的发展脉络有积极意义。

参考文献

[1] B. A. Rosenfeld, A. P. Youschkevitch, *Ghiyath al-din Jamshid Masud al-Kashi (or al-Kashani)*. New York: Gillispie, Dictionary of Scientific Biography, 1970−1978, Vol. 7, 255−262.

[2] E. S. Kennedy, *The Planetary Equatorium of Jamshid Ghiyath al-Din al-Kāshī*. Princeton Oriental Studies Volume 18. Princeton: Princeton University Press, 1960, 1.

[3] E. S. Kenndy, *A Letter of Jashīd al-Kāshī to His Father*. Scientific Research and Personalities at a Fifteen Century Court. Orientalia 29, 191−213, 1960. Reprinted in E. S. Kennedy et al., Studies in the Islamic Exact Sciences, David A. King & Mary Helen Kennedy, Eds. Beirut: American University, 1983, 722−744.

[4] M. Bagheri, *A newly found letter of al-Kāshī on scientific life in Samarkand*. Historia Math. 24 (1997), no. 3, 241−256.

[5] Petra G. Schmidl, *Kāshī Ghiyāth (al-Milla wa-) al-Dīn Jamshīd ibn Mas'ūd ibn Mahmūd al-Kāshī [al-Kāshānī]*. Thomas Hockey et al. (eds.). The Biographical Encyclopedia of Astronomers. Springer Reference. New York: Springer, 2007, 613−615.

[6] Boris Rosenfeld, Jan P. Hogendijk, *A mathematical Treatise Written in the Samarqand Observatory of Ulugh Beg*. Zeitschrift für Geschichte der Arabisch- Islamischen Wissenschaften 15, 2002/2003, 25−65.

[7] R. Rashed et. B. Vahabzaded, *Al-Khayyam Mathematicien*. Paris: Librairie Scientifique et Technique Albert Blanchard, 1999, 125−129.

[8] Sharaf al-Dīn Al-Tūsī. R. Rashed (edited and translated), *Oeuvres mathématiques: Algèbre et géométrie au XIIe siècle*. 2 Vols. Paris: Les Belles Lettres, 1986.

[9] M. K. Azarian, *Al-Risāla al-muhītīyya: A Summary*. Missouri Journal of Mathematical Science 22 (2010), no. 2, 64−65.

[10] P. L. Luckey, *Der Lehrbrief über den Kreisumfang, Adhandlungen der Deutschen Akademie der Wissenschaften zu Berlin*. Jahrgang 1950, Nr. 6, Berlin, 1953.

[11] M. K. Azarian, *Al-Kāshī's fundamental theorem*. International Journal of Pure and Applied Mathematics 14 (2004), no. 4, 499−509.

[12] R. Rashed. *The Development of Arabic Mathematics: Between Arithmetic and Algebra*. A. F. W. Armstrong (trans). Dordrecht: Kluwer Academic Publishers, 1994, 201, note 8.

[13] Jamshid al-Kāshī, A. S. al-Demerdash, M. H. al-Cheikh, *Miftah al-Hisab (Key to Arithmetic)*, Egypt, Cairo, 1967.

[14] Jamshid al-Kāshī, al-Nabulsi, *Miftah al-Hisab (Key to Arithmetic)*. Damascus, Syris: Ministry of High Education, 1977.

[15] Paul Luckey, *Die Rechenkunst bei Gamsid b.Masud al-Kasi*. Wiesbaden: F, Steiner, 1951.

[16] Roshdi Rashed, *Entre arithmetique at algebra: recherché sur I'histoire des mathematiques arabes*, Paris: les Belles letters, 1984.

[17] Abdul- Kader Dakhel, Edited by Wasfī A. Hijab and E. S. Kemmedy, *The Extraction of the n-th root in the sexagesimal notation, a study of chapter 5, treatise III of by Jamshīd Ghiyāth al-Dīn al-Kāshī with translation and commentatry*. Beirut: American University, 1960.

天然之玉与琢磨之器：形形色色的印度数学家

M. S. Raghunathan

译者：林开亮

> M. S. Raghunathan，目前是印度理工学院（孟买）国家数学中心的主任，曾担任印度塔塔基础研究所的教授，并且是 2010 年在印度召开的国际数学家大会的主席。

在 20 世纪初，科学仍然是属于世外高人的神秘追求。随着原子弹在广岛的爆炸，最初几十年悄然发生在哥廷根、哥本哈根、剑桥和巴黎的学术革命最终引发了人们对科学的整体觉醒。随着苏联人造卫星（Sputnik）的升空，科学在公众眼里的地位愈加升高。与此同时，许多科学家也成了家喻户晓的名人，成为许多年轻人的偶像。物理学家在这个科学名人梯队中占据着绝对优势，但也有不少化学家和生物学家。在这个对科学和科学家大肆宣扬吹捧的环境下，我认为数学家的状况用以下泰米尔语谚语来形容最好不过了："这个傻孩子洗劫了财神爷的宝库却只带回一个铜盆！"对于科学界以外的人来说，许多数学家的名字都是完全陌生的。本文将介绍一些印度数学家，他们对 20 世纪的数学做出了重要的贡献，并对印度数学的发展产生了重大影响。然而即使在学术圈内，其中某些人也许并非众所周知。

在人物的选择上，我要说明一点：他们都是男性，并对塔塔基础研究所的数学学派做出了巨大贡献。因为我本人受教于该所，所以在人物选择上难免有一定的偏向。

不可避免地，我要从拉马努金（Srinivasa Ramanujan，1887—1920）谈起，他是最有名的印度数学家，也名列于 20 世纪最伟大的数学天才中。他从马德拉斯港务局的穷职员迈入剑桥大学象牙塔大门的传奇故事和后来为疾病缠身而英年早逝的天才悲剧已经是众所周知的了，因此我不再重复。[1]

---

[1] 对拉马努金的传奇故事感兴趣的读者，请参见以下文献：（1）卡尼格尔（R. Kanigel），《知无涯者——拉马努金传》，胡乐士、齐民友译，上海科技教育出版社，2008 年；（2）颜一清，探求"无限"奥秘的数学家——Srinivasa Ramanujan，分上下两期刊载于中国台湾《数学传播》第 27 卷（2003 年）第 3 期和第 4 期；（3）蔡天新，拉曼纽扬：一个未成年的天才，收入作者的《数学传奇》，商务印书馆，2016 年。

拉马努金（Ramanujan）　　　　　　哈代（Hardy）

对于许多数学家而言，拉马努金的思考过程具有魔法的成分。哈代（Hardy，正是他促使拉马努金成为国际知名的数学家）也许不这么认为，但哈代的密友和合作者利特尔伍德（Littlewood）显然是这么看的。另一个著名的数学家卡茨（Mark Kac）描述拉马努金时说："与其说他是一个天才，还不如说他是一个魔法师。"花了二十多年时间破解拉马努金数学笔记的伯恩特（Bruce Berndt）说："我仍然不能完全理解它。也许我能证明它，但我不知道它从哪里来，又应该放到数学的哪一个位置。"与拉马努金同时代的印度数学家确信他笃信宗教，甚至相信神明庇佑。

我们也许对拉马努金的思考过程无法获得确切的了解，但从他的同代人对他的描述中，有一个特点是清晰可见的：他极其朴实谦逊 —— 他几乎完全没有那种"我很重要"的感觉，这一点实在令人震惊。看来他对自己的非凡天赋没有准确的估计，尽管哈代对他所扮演的角色就正如《罗摩衍那》中的金巴万（Jambavan）之于哈努曼（Hanuman）。[2]

事实上，拉马努金在英国有一段企图自杀的小插曲，这暗示了他当时的自尊心有点受挫。故事发生时，他正为各种烦恼沮丧：身体不适，家庭问题，还有入选三一学院研究员的提名被种族主义者否决（他后来确实通过了）。拉马努金卧轨待毙，幸好一位管理员及时阻止了行进而来的火车。为了防止拉马努金因企图自杀而被捕，哈代编了一个善意的谎言：他告诉警察说拉马努金是皇家学会的会员（其实当时拉马努金还只是候选人；在一个月之后他才当选），而皇家学会的会员是不能被捕的（这当然荒谬至极）！警察并没有上当，不过最终还是放了拉马努金。

---

[2]见《罗摩衍那》第五章，神猴哈努曼有跨越印度洋的能力，但由于受到诅咒，他忘记了自己的神力。在熊王金巴万的鼓励下，他恢复了神力，跨越印度洋，帮助罗摩在斯里兰卡找到了他的妻子悉多。哈努曼是《西游记》中美猴王孙悟空的原型。

　　直到今天，拉马努金的洞察力还持续影响着数学的发展。对 20 世纪许多杰出的数学家而言，他的论文集曾经是灵感的源泉。[3]

　　拉马努金在今天称为拉马努金 τ 函数的东西方面的工作，当时虽然反应甚微，但后来被证明是非常深刻的，并成为所谓的模形式理论的中心所在。无独有偶，该理论的一个大师 —— 德国大数学家赫克（Hecke），恰与拉马努金出生在同一年 —— 1887 年；令人遗憾的是，两人从未谋面。拉马努金关于 τ 函数的一个著名猜想在 1974 年被德利涅（Pierre Deligne）解决，后者是我们这个时代的数学领袖之一。

$$q \prod_{n=1}^{\infty} (1-q^n)^{24} = \sum_{n=1}^{\infty} \tau(n) q^n.$$

拉马努金 τ **函数**是关于正整数的一个函数，用上述等式左边的形式展开来定义。

　　应用于数论中的离散问题的一个最有成果的技术是著名的圆法，它源于拉马努金与哈代在划分函数上的合作工作。

　　正整数 n 的一个划分（partition）是将 n 写成一些正整数 $n_1 \leqslant n_2 \leqslant \cdots \leqslant n_r$ 的和

$$n = n_1 + n_2 + \cdots + n_r.$$

n 的所有不同划分数记为 $p(n)$。显然 $p(n)$ 是正整数 n 的函数，称为**划分函数**。

　　1918 年，哈代和拉马努金首次得到了 $p(n)$ 的一个渐近公式（其中 exp 是指数函数）：

$$p(n) \sim \frac{1}{4n\sqrt{3}} \exp\left(\pi\sqrt{\frac{2n}{3}}\right) \qquad （当 n \to \infty 时）.$$

　　拉马努金的《笔记》[4] 是漂亮公式和恒等式的宝库，因为毫无证明细节，所以提供恰当的证明成了一项挑战，与此同时，也成了对数学界的一项公益

---

　　[3]例如，挪威数学家塞尔伯格（A. Selberg）在拉马努金诞辰百周年的纪念活动上曾明确提出这一点，见塞尔伯格的文章：拉马努金百周年诞辰之际的反思（《数学译林》1990 年第 2 期）。

　　[4]S. Ramanujan, *Notebooks* (2 Volumes). Bombay: Tata Institute of Fundamental Research, 1957. 这两卷笔记在 2012 年曾再版。美国数学家伯恩特（Bruce C. Berndt）和安德鲁斯（George Andrews）则深入研究了拉马努金的笔记，并将研究成果汇集成四卷本的书 *Ramanujan's Lost Notebook*。

服务。经验告诉我们，虽然这些公式形式上的优美本身就非常吸引人了，但很可能可以挖掘到更多的宝藏。据说，在形式运算这方面，除了欧拉（Euler）和雅可比（Jacobi），拉马努金在数学史上再无对手。

对于我们印度人来说，我们对哈代的了解也不比对拉马努金的了解少多少。[5] 哈代当然是 20 世纪的一个重要数学人物，正如拉马努金的故事所表明的，他是一个绝妙的人。他口才极好，写得一手好文章。他的小书《一个数学家的辩白》（*A Mathematician's Apology*）[6] 对他的职业给出了一家之言，读起来脍炙人口。他是一个典型的象牙塔学者，该书强调肯定了对纯粹科学的追求与社会需求无关，因此该书并非在无力地"辩白"。他还描述了罗素事件——1914—1918 年间，剑桥大学因罗素的非正统观念而引发的骚动。[7]

哈代是一个狂热的板球迷；他是如此狂热以至于任何领域内的卓越才能都可以用板球方面的标准来衡量：最高级别的荣誉是"布莱德曼[8]级别"的，而有趣的人是那些具有他所谓的"螺旋"[9]品质的人。

哈代同时是杰出的分析学家与数论专家，从某个角度来看，他在分析方面的工作比在数论方面的工作更有影响。他是无穷级数领域的巨擘，他的《发散级数》（*Divergent Series*）是那个领域的经典。他不认可当时英国讲授数学的方式并致力于改革。他的教材《纯数学教程》（*A Course of Pure Mathematics*）[10] 是这方面的一个尝试。这是第一本以欧洲大陆教材的精神写的英语分析课本，该书取得了极大的成功。

与拉马努金同时代的一个并非如此有名的数学家是阿南德·劳（K. Ananda Rau, 1893—1966)，他是位于班加罗尔的印度科学院的创始人之一。他的轨迹与拉马努金完全不同。他 1893 年出生（比拉马努金晚生 6 年）于一个相对富裕的家庭，在马德拉斯上过正规的小学、中学和大学，学习优秀，并在 1914 年来到剑桥成为哈代的弟子。作为剑桥的学生，他在 1917 年荣获

[5] 关于哈代，斯诺（C. P. Snow）曾写过一篇极其传神的文章，并作为前言收入在哈代的《一个数学家的辩白》[见下注] 中。

[6] 有三个中译本：《一个数学家的辩白》，李文林、戴宗铎、高嵘编译，大连理工大学出版社，2009 年（部分曾以"一个数学家的自白"为题刊载于《数学译林》1984 年第 3 卷第 3 期与第 4 期，戴宗铎译）；《一个数学家的辩白》，王希勇译，商务印书馆，2007 年；也收入《科学家的辩白》，毛虹、仲玉光、余学工译，江苏人民出版社，1999 年。

[7] 哈代是在另一本小书《罗素与三一学院》（*Bertrand Russell and Trinity: A College Controversy of the Last War*, Cambridge University Press, 1942）中描述了这段历史。

[8] Don Bradman (1908—2001)，是一位被世界公认为历史上最伟大的板球手。

[9] spin——根据斯诺在他为哈代的《一个数学家的辩白》所写的前言中的解释 [引自《科学家的辩白》]：是一个只可意会不可言传的板球术语：它暗喻某种婉转或精明的处事方法。如果让译者从近代的中国数学家中举出这样一个例子，陈省身先生应该就是这样一个有趣的人。

[10] 有中译本，张明尧译，人民邮电出版社，2009 年。

阿南德·劳（K. Ananda Rau）　　　　　　　阿南德·劳与拉马努金

了梦寐以求的史密斯奖（Smith's Prize）[11]。在 1919 年完成学业后，阿南德·劳回到了马德拉斯并立即被任命为总统学院（Presidency College）的数学教授。阿南德·劳是杰出的分析学家，在可和性方面有重要贡献，在这个领域哈代是领军人物。以阿南德·劳命名的一个定理出现在哈代的《发散级数》一书中。从各个方面来说，阿南德·劳都是一个富有启发性的老师，深受学生的尊敬和爱戴。许多学生也成了优秀的数学家；有一些是印度的领袖，我稍后将谈到他们。1948 年，阿南德·劳到了 55 岁的退休年龄，但之后长达十多年的岁月里仍保持着数学上的活力。他在 1966 年逝世。

　　阿南德·劳在剑桥时认识了拉马努金，他曾这样描述他杰出的同事："他天性单纯，无论他对自己的能力的自我感觉如何，他都完全不受影响。"

　　当时印度数学界另一个重要人物是外谛安闳斯瓦米（Vaidyanathaswamy），他也来自马德拉斯。他也曾留学英国，虽然不是在剑桥，但同样是追随英国数学家工作，不过那是在他在马德拉斯大学做了多年研究学者之后的事。

　　我应该强调，相比于拉马努金的曲折故事，对外谛安闳斯瓦米与阿南德·劳来说，他们的职业决定是自然而然的。同样地，外谛安闳斯瓦米的大部分数学兴趣都与拉马努金相去甚远，他是当时最早涉猎符号逻辑、格论和拓扑的人，而这些领域并不属于那个时代的英国数学家感兴趣的范围。在 1925 年自英归国以后，外谛安闳斯瓦米在贝拿勒斯待了一年，随后加入了马德拉斯大学与阿南德·劳共事。这两个人合力为马德拉斯大学数学系学生营造了一个良好的氛围。但是，大概是马德拉斯大学的领导太过英明吧，直到 1952 年退休，他竟然一直都只是助理教授。退休以后，他先后在加尔各答的印度统

―――――――――――――――――――――

[11]史密斯奖是剑桥大学每年颁发给数学和理论物理专业的研究生的一个奖项，名额各一个。

外谛安阒斯瓦米（Vaidyanathaswamy）　　皮拉伊（S. S. Pillai）

计所和米尔皮塔斯的圣汶卡特斯瓦拉大学（Sri Venkateswara University）工作了几年。

外谛安阒斯瓦米好像深受印度传统学术模式的渗透，他是奥罗宾多（Aurobindo）哲学的忠实信徒，并且深度专研了吠陀梵语（早期梵文之一），还做出了自己的注释。

在这个国家，拉马努金所感兴趣的数论领域自然有许多传人；但具有真正重要性的工作直到 20 世纪 30 年代中期才出现，这来自于皮拉伊（S. S. Pillai）。皮拉伊 1901 年出生于泰米尔纳德邦的提卢内尔为里（Tirunelveli）区。他出生后不到一年母亲便去世，在一位年长的妇女亲戚的帮助下，父亲将他拉扯大。在中小学，皮拉伊学业蒸蒸日上，但悲剧再度重演——父亲在他中学最后一年不幸离世。他的天分赢得了一位名叫夏斯特里阿尔（Sastriar）的教师的青睐，夏斯特里阿尔资助他继续完成学业。皮拉伊得到了奖学金并在特里凡得琅的王公学院取得了文学士学位，之后来到了马德拉斯大学成为阿南德·劳的学生，终其一生，他对阿南德·劳都充满了喜爱与尊敬。皮拉伊立即证明了自己是第一流的研究者，在取得了马德拉斯大学的博士学位后，他接受了安纳马莱大学的第一份工作；后来他回到特里凡得琅，然后是加尔各答，最后又回到了马德拉斯大学。

在 20 世纪 30 年代的安纳马莱大学，皮拉伊的天才全面绽放，攻克了一个萦绕在许多一流数学家大脑中的著名问题。1909 年，德国数学家希尔伯特（Hilbert）曾证明，对每一个正整数 k，存在着一个最小的正整数 $g(k)$，使得每个正整数都可以写成 $g(k)$ 个 k 次方数之和。皮拉伊的工作围绕精确决定 $g(k)$ 的值为中心，他对 $k \geqslant 7$ 的情况完全确定了 $g(k)$。无论从哪方面来说，这都是一个巨大的成就。稍后他解决了更为困难的 $k = 6$ 的情形。然而，与包括美国数学家迪克森（L. E. Dickson）在内的一些同行在优先权上的争论，引起了皮拉伊及其印度同事的不快。皮拉伊将他的大作发表在流通有限的印度刊物上；虽然他因为这些突出贡献最终得到了认可，但在他能够尽情享受成功喜悦之前，一幕无可挽回的悲剧上演了。1950 年 8 月 31 日，皮拉伊在埃及上空的一次飞机失事中丧生；这是他第一次国外旅行，当时他正赶赴美国，准备接受普林斯顿高等研究所的邀请在那里访问一年。这个噩耗引起了汇集在哈佛的许多数学家的极度震惊，皮拉伊原本是计划先参加在哈佛召开的国际数学家大会再去普林斯顿。皮拉伊在华林（Waring）问题上的工作——即确定 $g(k)$ 的值——是一篇杰作，使他本人在数学界永载史册。

对所有 k，现在已经完全决定出 $g(k)$ 的值，$k = 4$ 的情形是困扰数学家最久的一个，直到十多年以前，才由另一个印度数学家巴拉苏布兰马尼安（R. Balasubramanian）与两位法国数学家多苏彦（Deshouillers）和德赫士（Dress）合作解决。皮拉伊还有许多其他重要贡献。毫无疑问，倘若皮拉伊没有遭遇横祸，他一定能够取得更大的成就。

希尔伯特定理（1909 年）：对每一个正整数 k，存在着正整数 r，使得每个正整数都可以写成 r 个 k 次方数之和。

换言之，对每一个正整数 n，可以找到同一个正整数 r，使得 n 可以写成 r 个非负整数 $n_1, \cdots, n_r$ 的 k 次幂之和：$n = n_1^k + \cdots + n_r^k$。对每一个给定的 k，显然存在着一个最小的正整数 r，记为 $g(k)$。

Waring 问题：确定 $g(k)$。

$g(1) = 1$（平凡）

$g(2) = 4$（拉格朗日（Lagrange），1770）

$g(3) = 9$（维费里希（Wieferich）和坎普纳（Kempner），1909—1912）

对 $k \geqslant 6$（皮拉伊、迪克森等）

$g(5) = 37$（陈景润，1964）

$g(4) = 19$（巴拉苏布兰马尼安、多苏彦、德赫士，1986）

用钱德拉塞卡兰（K. Chandrasekharan，我最后会谈到他）的话说，"皮拉伊是一个真正谦逊、极单纯的人。在学者当中，他具有罕见的品质——智力上的诚实。这使得他深受朋友喜爱，但同时也使他放弃了物质上的许多优越条件。从某种意义上说，他是不成熟的。"

在 20 世纪早期，英国数学引领着我们，导出了一些有益的成果。但在二三十年代，数学中最激动人心的进展发生在巴黎和哥廷根，而不是剑桥。这些发展似乎没有立即在印度学界产生重要影响。可和性，哈代抱有极大兴趣的这个领域，在印度有许多人研究，包括阿南德·劳和他的许多学生，而且他们做出了非常重要的贡献。这个领域被许多印度人持续研究，渐渐丧失了挑战性。因此下述俏皮话中有一定的真理成分："哈代将许多印度人引上贼船，当然拉马努金是如此强大以至于能不受蛊惑。"这将我引向了说这句话的人——安德鲁·韦伊（André Weil）。

安德鲁·韦伊（André Weil）　　　　韦加亚拉嘎万（T. Vijayaraghavan）

安德鲁·韦伊是 20 世纪最伟大的数学家之一。他极有个性，言谈举止妙趣横生，甚至不惜制造不堪局面（所谓"语不惊人死不休"）。他在 1930—1932 年间曾在印度阿里格尔的穆斯林大学工作。他在其自传[12] 里讲述了这个奇妙故事是如何发生的。马苏德（Syed Ros Masood）是当时海德拉巴的尼扎姆地区的教育部长，在欧洲度假期间被任命为穆斯林大学的副校长，该校由他的祖父艾哈迈德汗（Syed Ahmed Khan）创立。他打算缩短在巴黎的行程尽早回国，但他希望在离开欧洲前为穆斯林大学物色到一个讲授法国文化的适当人选。行期将近结束时，他会见了法国著名的印度学研究者利维（Sylvain Levy），利维向他举荐了韦伊。韦伊不久前在著名的巴黎高等师范学校完成了数学方面的博士论文，因为对印度感兴趣而开始与利维接触。除此以外，韦伊还听了利维在巴黎大学开设的一门课程，内容是关于迦梨陀娑（Kalidasa）的《云使》（*Meghadutam*）。面试是简短的。马苏德当即提供了这个职位，韦伊欣然接受。半年以后，当正式的录用函到达时，韦伊发现，给他提供的，并不是事先说好的法国文化而是数学的职位。韦伊说，他从未搞清楚马苏德是什么时候知道他的数学才能的！

韦伊收拾好行装奔向阿里格尔，去担任那里的数学系主任，手握对教员的任免大权——当时他年方 23 岁！作为高师毕业的学生，韦伊的自信与作

---

[12]中译本《一个数学家的学徒生涯》即将出版。

为港务局职员的拉马努金的踌躇形成了鲜明对比。从社会学家的眼光来看，这毫不奇怪。对于他的三个同事，韦伊立即解雇了其中一个，暂时调整了另一个的工作，而剩下的一个则保持原状。事后他曾为如此仓促的决定感到有点后悔。在阿里格尔的两年，韦伊结交了许多朋友，不过并非全部都是学者。他对这个国家落后的数学水平有准确的把握，但为偶遇到的一些有前途的天才数学家而颇感惊讶。他招聘一些新人，其中之一是韦加亚拉嘎万（T. Vijayaraghavan），哈代的一个学生。虽然韦加亚拉嘎万并未达到官方的聘用条件，但韦伊让他填补了数学系的空缺职位，他们两人由此结下了深厚的友谊。除了在数学方面的共同志趣外，韦加亚拉嘎万在泰米尔语和梵文方面的学识也与韦伊在印度文化方面的兴趣相投。韦伊还结识了其他数学家，像高善必（Kosambi）和乔拉（Chowla）。韦伊似乎游历甚广，还曾去特里凡得琅参加印度数学会的年会。在去特里凡得琅的途中，他在千奈认识了阿南德·劳和外谛安阆斯瓦米。韦伊在特里凡得琅经历了许多趣事。例如，年轻人如何想方设法调解年长的同事对某些禁忌的坚持，特别是不能与种姓之外的同桌就餐的禁忌[13]。

　　韦加亚拉嘎万比韦伊大四岁。他在中小学学得很好，但根据通常的标准来看，他在大学的表现并不是很好。这是因为，跟拉马努金一样，他开始对严格的数学感兴趣，而发现书本上的内容素然无味。幸运的是，有一位真正的数学家阿南德·劳能够识别出教育体系所无法甄别的天才，因此韦加亚拉嘎万才得以允许听大学的本科生荣誉课程。韦加亚拉嘎万与拉马努金之间的相似处还可以继续：他将自己的研究成果寄给了哈代，并在 1925 年去牛津大学（哈代后来迁到了那里）追随他工作。因此，无怪乎马德拉斯的许多人将韦加亚拉嘎万视为拉马努金的精神传人。自始至终，阿南德·劳都大力提携韦加亚拉嘎万，而每当韦加亚拉嘎万回忆起与恩师的际遇时都洋溢着喜悦之情。韦加亚拉嘎万头脑灵活，很快就在分析及相关领域发表了优秀的文章。他研究所谓的陶伯（Tauber）定理，并创造了真正高水平的工作。

　　韦加亚拉嘎万骨子里是一个解题者，而对建立理论或拓展知识领域兴趣不大。他总是在搜寻有趣的问题，当他从有识之士那里获得一个问题时总是很高兴。另一方面，韦伊的首要兴趣则在于发展理论，对他而言，问题的解决固然重要，但只是第二位的：有了恰当的理论，问题的解自然就是水到渠成的了。

　　从体型上说，韦加亚拉嘎万与韦伊也形成了鲜明对比。韦伊高而瘦，他喜欢长时间徒步，（在麦卡锡时代）他习惯称之为他的"非美国化"运动。韦加亚拉嘎万则身型发福，反映了他久坐的生活习惯。

---

[13]印度人的种姓等级非常森严，印度有四大种族：婆罗门、刹帝利、吠舍、戍陀罗。在印度人看来，一个婆罗门的人在种姓之外的人面前吃东西是难以想象的！

　　韦伊与马苏德的友谊好景不长。韦伊的独立精神与副校长一人之下、万人之上的官僚体制格格不入；穆斯林大学也并非马苏德所认为的真是他们家族的私有遗产。在阿里格尔的第二年末，韦伊到欧洲度短假（其实他在为阿里格尔图书馆筹集图书）。回来之后他发现，自己被草率地解雇了。他的朋友韦加亚拉嘎万也离开并迁往达卡大学，这是为了抗议马苏德，马苏德在韦伊度假时曾试图让他取代韦伊的教授职位。在达卡与韦加亚拉嘎万短暂逗留后，韦伊回到了巴黎。在达卡逗留期间，当时的副校长拉德哈克里斯南（Sarvepalli Radhakrishnan）邀请他接受安德拉大学的一个职位。韦伊对此职位很有兴趣，但因为拉德哈克里斯南无法满足他自主管理该系的要求，韦伊最终拒绝了。

　　韦加亚拉嘎万后来去了马德拉斯领导当时新建的拉马努金研究所。他在1955年逝世，年仅53岁。钱德拉塞卡兰曾这样评价韦加亚拉嘎万："每一个深深了解他——无论是作为活跃的数学家、热情的主人、还是深受爱戴的父亲——的人都会承认，他是值得我们祖国为之骄傲的一个人。"

　　"韦加亚拉嘎万喜欢讲课，而且讲课清晰、高效，特别是对那些他所感兴趣的课题富有才气。"

　　"他喜欢说，除非你能够对一个定理给出三个以上的证明而且其中至少有一个证明是属于你自己的，否则就不能说你明白了这个定理。"

　　如此一来，他偶尔也难免自己抽自己的嘴巴。

　　韦伊在阿里格尔的逗留，对印度数学的影响不能有过高的估计，虽然某些个人像韦加亚拉嘎万确实因为他的出现而受益良多。韦伊的工作只是在30年后才在他的祖国产生了巨大影响。然而，毕竟阿里格尔是韦伊初出茅庐时待过的地方，他的工作所带来的影响后来也显现出来。在20世纪60年代，出现于塔塔基础研究所的两股高水平的数学主流都起源于韦伊的工作：向量丛的模空间与离散群中的刚性现象。当然，这些课题在诸多中心都被研究，但印度一直是这些领域发展的前沿阵地。1994年，韦伊获得了日本一个慈善基金颁发的京都奖，该奖是一个国际知名奖项，仅授予在交叉领域做出杰出贡献的人。我在印度塔塔基础研究所的同事拉马南（S. Ramanan）受邀在京都的颁奖盛会上介绍韦伊在向量丛方面的工作。

　　正如我前面提到的，韦伊是20世纪数学史上的伟人之一。他革新了数论与代数几何的交汇领域，并为该领域拟定了以后几十年的发展进程。我曾提到，德利涅证明了拉马努金关于 τ 函数的猜想。这是通过首先证明韦伊的一些猜想，然后表明拉马努金猜想是韦伊猜想的推论得到的。除了他本人的研究工作外，韦伊还通过其他方式极力推动了数学的发展。他是"布尔巴基"学派的少数成员之一，这个学派写了一系列对数学群体非常有价值的书。布尔巴基学派还在巴黎举办各种课题的讨论班，帮助传播当前的研究，这一活动持续至今。

　　印度思想对韦伊显然有很大的影响。韦伊在其自传中说，唯一吸引他的宗教思想是那些出现在印度教哲学中的东西。在第二次世界大战中，韦伊拒绝服兵役，并且反引了《薄伽梵歌》（其表面意图是劝说勇士阿朱那（Arjuna）去战斗）来支撑自己的立场：对韦伊而言，他真正的天命[14]是追求数学，这就是他应该做的，而不是参加战争，不论它是如何引起的！

德利涅（Deligne）

　　虽然韦伊对印度很着迷，但一直到1968年他都没有重访印度。那一年，他参加了塔塔基础研究所主办的一个国际性会议。在孟买，塔塔基础研究所将他安顿在泰姬酒店。但我们后来发现，我们对他的招待与他在本国别处受到的礼遇完全不能相提并论。在德里，他是总统侯赛因的贵宾，自阿里格尔那时起侯赛因就是韦伊的朋友！在加尔各答，他是领导维拉的座上客，维拉在阿里格尔当公务员时，韦伊就认识他了。在千奈，他会见了拉贾戈巴拉查理，当韦伊试图让对方回忆起他们上一次在1931年的见面时，后者打断了他说道："是的，我当然记得你，你是阿里格尔的那位从法国来的教授，我发现你的英语还是一如既往地烂！"韦伊对英语运用自如，但他说话时不可避免地带有法国人口音。毫无疑问，对韦伊来说，象牙塔就是他的天生归宿，如果他愿意，他也许会给卡耐基[15]（Dale Carnegie）上一两堂课！

　　我禁不住想要对我与这位伟人的会面多提两句。1966—1967年间，我在普林斯顿高等研究所待了一年，自1960年起，韦伊就是那里的永久成员。在那以前，他已经是一个受人尊敬的传奇人物了，但也有一个坏名声：他在与人接触时言语刻薄。不过，我与他有着一种渐成常规的日常接触。我习惯去研究所的公共休息室读《纽约时报》，因为那里有茶水供应。我到不久以后，韦伊就出现了，并在那里来回踱步。很明显，他想看我手里的报纸，于是在匆匆扫过几分钟而来不及真正细读之后，我就放下了报纸，而他则迅速拿起来看。

　　在一次晚会上，我发现自己与韦伊坐在一个角落里。不知道什么原因，我

---

　　[14]英文原文是 dharma，也译作"德"或"法"。关于韦伊的这一部分叙述，我们推荐读者参考印度数学家 V. S. Varadarajan 为韦伊的自传所写的书评（Notices of the AMS, Vol. **46** (1999)，No. 4, 448−456），该文有中译文，见《数学译林》2011年第1期。

　　[15]美国现代成人教育之父，美国著名的人际关系学大师，西方现代人际关系教育的奠基人，被誉为是20世纪最伟大的心灵导师和成功学大师。

觉得自己引出话题在所难免了，于是我谈起了高善必[16]，一个学数学出身的历史学家。韦伊回应道："年轻人，我发现许多不了解高善必的人都想谈论他！我跟你说：他是你们国家最有才华的一个人物。"我自然接不上话了，不过他继续滔滔不绝地谈论高善必和其他事情。我渐渐平复过来，而与他度过的那一晚的余下时光则极其美妙。

我估计下面提到的这个人物要比其他人更有名，他就是乔拉（Sarvadaman Chowla）。乔拉 1907 年出生于英国剑桥，当时他的数学家父亲戈帕尔·辛格·乔拉（Gopal Singh Chowla）正在那里访问。他在拉哈尔完成了中小学学习，在政府学院取得了本科学位。这个学院培养了许多杰出的学生，当然乔拉本人就是其中一个。1929 年，戈帕尔·辛格陪伴爱子去剑桥追随利特尔伍德做研究。不幸的是，年轻的

Zakir Husain

乔拉进入这个数学圣地的喜悦之情很快就被一个噩耗湮灭了，父亲在回印度的途中暴死于巴黎。虽然乔拉的博士研究有这段悲伤的开始，但他在剑桥表现非常好，1931 年就获得了博士学位。同年他返回印度接受了德里的圣斯蒂芬学院的一个教职。在那里，他遇见了他的学生同时也是后来的妻子慕遵达尔（Himani Mazumdar）。直到 1970 年，慕遵达尔都照顾着乔拉的一切生活琐事，这些琐事远非数学家乔拉本人能够胜任的。他们只有一个女儿，也是一个数学家。

乔拉后来先后迁到了巴纳拉斯印度大学、安德拉大学，最后则回到了拉哈尔政府学院任教。1947 年，他携全家离开了拉哈尔，在德里短暂停留后，举家迁往美国普林斯顿高等研究所，之后就再没有回过印度。1949 年，他接受了堪萨斯大学劳伦斯分校的一份教职；1952 年再换到科罗拉多州博尔德大学，最后则到宾夕法尼亚州立大学，1976 年退休。乔拉在数学上有持续活力，先后在普林斯顿和劳伦斯待过几年，并与从前的一个学生考尔斯（Mary Cowles）合作。他在 1995 年逝世。乔拉的第一篇文章发表于 1925 年，最后一篇文章发表于 1986 年。长达 60 年的数学活跃期其实是极其罕见的。

乔拉对数学有无限的热情，他几乎没有其他兴趣。了解他的人，会发现他谦逊友善而且极其幽默。他有许多学生，他坚信只需要给他们提供大方向的指导而主要让他们自己独立做研究。他在将自己对数学的激动和喜悦传递给学生方面同样出色。他的一个学生称他为"数论永恒的使者"。他的合作

---

[16]高善必（D. D. Kosambi, 1907—1966）是印度著名的历史学家，他的《印度古代文化与文明史纲》有中译本。

Rajaji

米纳克希森达拉姆（Minakshisundaram）

者中有许多历害的人物，我只提几个：在印度本国有班巴哈（Bambah）、皮拉伊、拉马钱德拉（Ramachandra）和劳（C. R. Rao），在国外有爱尔迪希（Erdös），塞尔伯格、志村（Shimura）。乔拉的名字与许多深刻的数学结果联系在一起，这显示了他在该领域内的崇高地位。

在印度数学界，我想提及的另一个主要人物是米纳克希森达拉姆（Minak-shisundaram），我将简称他为米纳克希（Minakshi）[17]，正如他的朋友所称呼的那样。他 1913 年出生于喀拉拉的图里舒尔（Trissur），在马德拉斯完成了早期教育，并从罗耀拉学院获得了（荣誉）文学士学位。在马德拉斯大学阿南德·劳的指导下，他成为一名研究学者。这自然将他引向了陶伯定理的工作并得到了高水准的成果。然而，在 1937—1938 年，在罗耀拉学院从前的老师拉辛神父（Rev Father Racine）的影响下，他又涉足了新的研究领域。

拉辛神父（Rev Father Racine）

我稍后将详细地介绍米纳克希，但在此之前我想花点笔墨谈谈拉辛神父，这个法国人对印度数学的发展做出了非凡的贡献。

拉辛神父 1897 年出生在法国的多梅–夏朗德（Tomay-Charente）。1916年，他应征入伍参加了第一次世界大战，三年后因为踝关节受伤而被遣散回家，后半生成了跛子。那以后他开始为耶稣尽职，并在 1929 年被任命为牧师。

---

[17] Minakshi，意思是"鱼眼女神"。

他在巴黎花了四年时间学习数学，并在 1934 年取得了博士学位。之后他被派遣到印度蒂鲁吉拉帕利的圣约瑟学院工作。1939 年，他来到马德拉斯的罗耀拉学院工作，1967 年退休以后也一直留在那里，直到 1976 年逝世。

拉辛神父曾与艾利·嘉当（Élie Cartan）和阿达马（Hadamard）共事，后两位都是数学界的传奇人物。他的朋友中还有韦伊和亨利·嘉当（Henri Cartan，Élie Cartan 的儿子）。在此背景下，拉辛神父自然对数学具有卓越的远见，他将这些远见卓识一并带到了印度。拉辛神父使一些印度数学家脱离了传统的剑桥学派影响下的领域，米纳克希就是他的第一个巨大成功。后来他还培养了许多聪明的学生，其名单可在印度数学名人录中勾出一长串，我只提其中几个：拉马纳坦（K. G. Ramanathan）、瑟刹得利（C. S. Seshadri）、M. S. 纳拉辛汉（M. S. Narasimhan）、拉加万·纳拉辛汉（Raghavan Narasimhan）、拉马努江（C. P. Ramanujam）。

拉辛神父显然不是一个令人鼓舞的演讲者，学生发现他的讲课很难跟上。他的法国人口音，还有面对着黑板的喃喃自语，都令听他的课变得更加困难。不过，在课堂之外，他的影响是决定性的。他善于发现天才并给予鼓励。他喜欢跟学生轻松地聊天，特别是对那些有天分的学生，他常常在他们做事业选择时提供有价值的建议。对拉辛神父而言，数学绝非他唯一关心的东西，他是学院耶稣会的精神导师之一，常常参与解决信徒的私人问题。1962 年，法国政府授予他梦寐以求的"荣誉军团勋章"。在印度待过的 42 年里，他回法国只有两次；不过他仍旧保留着法国人的诸多生活习惯。然而，几乎毫无疑问的是，比起法国来，他更钟情于印度。虽然我没有福气成为他的学生，但我很愉快地记得，在我导师 M. S. 纳拉辛汉的陪伴下与他的一次非正式的会面。他是性格活泼的教士的模范之一，尽管不是唯一的。

米纳克希森达拉姆（Minakshisundaram）

斯通（Marshall Harvey Stone）

现在我们回头说说米纳克希森达拉姆。正如我所说的，在拉辛神父的影响下，米纳克希从可和性——他终生都喜爱的一个课题——转向了更加现代的领域；具体地说，就是微分方程。1940 年，他在马德拉斯大学取得博士学位，论文是讨论非线性抛物方程。之后他发现没有工作无法立足。拉辛神父通过安排他为学生补习而赢得收入，直到他后来被任命为沃泰伊尔的安德拉大学数学物理系的讲师。

米纳克希大概是他那一代印度人中最有天分的数学家。他在紧黎曼流形上拉普拉斯算子的特征值的工作是高水准的，并且有持续的影响。他最好的工作是在 1946 — 1948 年间访问普林斯顿高等研究所时做出的，部分是与瑞典数学家普莱杰尔（Åke Pleijel）合作完成。他之所以有机会造访普林斯顿，要归功于斯通（Marshall Harvey Stone）的努力。斯通是第一流的美国数学家，曾在 1946 年访问印度，此后又多次访问印度。其他许多印度数学家得以访问普林斯顿高等研究所，也得益于斯通。对于印度数学的塑造成型，这个研究所发挥了巨大的作用，恰如早期的剑桥一样。

在普林斯顿待了两年之后，米纳克希回到了印度，并立即被安德拉大学提升为教授。1950 年，他在塔塔基础研究所访问了几个月，其成果是，与钱德拉塞卡兰合写了一本优秀的专著《典型平均》（*Typical Means*）。那一年和次年，他在美国的短期访问中再次造访了普林斯顿。1958 年，他再度访问美国，并在返回印度的途中，受邀在爱丁堡国际数学家大会上作了半小时报告。

然而，几年过去以后，他发现对于创造性工作而言，大学的氛围令人窒息。他跟一些同事难以相处，这些同事的数学能力跟他也不在同一个水平。为创造高质量的工作，他唯一需要的，只是接触到真正一流的数学家的机会，但大学连这一点也无法满足他。后来，他被新建于西姆拉的高等研究所聘请为教授，他很愉快地接受了——虽然他在那里依旧很孤单，但至少在其他方面前景更为乐观。他着手写一本谱理论的书，但可惜的是，在 1968 年去世时尚未完成。在他逝世时，米纳克希在 40 年代做的工作再次引人注目，并且是证明阿蒂亚-辛格（Atiyah-Singer）指标定理——20 世纪的一个伟大定理——的新方法的一个重要成分。另一个印度数学家，帕托迪（V. K. Patodi）注定在这个发展中发挥重要作用。

现在我转向哈里什·钱德拉（Harish-Chandra），他是继拉马努金之后最伟大的印度数学家。[18]

哈里什·钱德拉（友人称之为哈里什）1923 年 10 月出生于坎普尔，父亲是一名铁路工程师。在坎普尔完成中学学业后，他来到阿拉哈巴德学习物理。在那里，他受到克里希南（K. S. Krishnan）的影响，他终生对克里希南都极

---

[18]关于哈里什·钱德拉，朗兰兹（Robert P. Langlands）曾为他写过一篇极好的传记，Harish-Chandra 1923 — 1983，电子版可见 http://publications.ias.edu/rpl/section/29。

哈里什·钱德拉（Harish-Chandra）　　　　　谢瓦莱（Chevalley）

其敬重。哈里什·钱德拉是一个聪明的学生，在一门期末考试中甚至取得了一百分的满分——而评卷人是拉曼（C. V. Raman）[19]。在取得研究生学位以后，他来到班加罗尔追随巴巴（Homi Bhabha）研究物理；在那期间，他曾与巴巴合作若干文章。在班加罗尔，哈里什·钱德拉与拉曼相熟起来，拉曼很喜欢与这个来自阿拉哈巴德的年轻人长途漫步。他寄宿在卡雷（Kale）夫妇家——卡雷（G. T. Kale）是科学所的图书管理员，妻子是波兰人，曾是哈里什在阿拉哈巴德的法语教师。卡雷夫妇的女儿拉莉塔（Lalitha），常常以她活泼的恶作剧试图使这个严肃认真的学生轻松一下。几年以后，拉莉塔成为哈里什的妻子，终生都宠着他，让他从生活琐事中摆脱出来专心做学问。

巴巴安排哈里什去剑桥追随传奇的狄拉克（Dirac）做研究。在剑桥时，哈里什曾到欧洲旅行，访问了包括苏黎世在内的许多地方。在苏黎世，他听了泡利的一次讲座，并且敢于指出这位令人敬畏的大家在讲座中犯下的一个错误。像这样的例子进一步证实了他的科学才能，这已经在他的科学工作中体现出来。

当狄拉克前往普林斯顿高等研究所访问一年时，他带上了哈里什一起。哈里什的物理是高度数学化的，这将他引向某些特殊李群的无穷维表示。

在普林斯顿，哈里什结识了伟大的法国数学家谢瓦莱（Chevalley），布尔巴基小组的成员之一。与谢瓦莱的交往导致他完全放弃了物理而皈依到数学。虽然他崇拜物理学家神秘的"第六感"，但他对物理学的研究方式已经感到不安。尽管如此，他的数学工作确实具有很深的物理背景。他所着手展开的李群的无穷维表示理论，在20世纪50年代早期绝不是核心领域。另一方面，量子力学已经引导物理学家研究洛伦兹群的无穷维表示。经过十多年紧张专注

---

[19]拉曼（1888—1970），印度物理学家，曾因发现拉曼效应而荣获了1930年的诺贝尔物理学奖。

的投入，在强有力的思想下，哈里什·钱德拉几乎是单枪匹马一个人将表示论的这个课题从数学的边缘引领到中心舞台。

在普林斯顿高等研究所的短期访问结束之后，哈里什·钱德拉来到了哥伦比亚大学。在哥伦比亚大学期间，他是多产的，特别是创造了李群表示论的变换理论。在 1955—1956 年，他再次造访普林斯顿高等研究所。在古根海姆基金的资助下，他在巴黎度过了 1957—1958 的学术年。哈里什·钱德拉发现巴黎正在发生许多激动人心的事情，因此他想继续在那里待一年。然而，哥伦比亚大学的院长表达了对哈里什·钱德拉延长在巴黎的访问的不满，因为前后两次的请假未免相隔太近了。哈里什·钱德拉转向好友安德烈·韦伊寻求建议，韦伊那时恰在巴黎。对韦伊来说，胁迫院长是愉快的消遣，因此他建议哈里什·钱德拉不仅要坚持延长假期，同时还要求加薪。韦伊告诉哈里什·钱德拉，他是如此优秀的数学家，哥伦比亚大学绝对会极力挽留。哈里什·钱德拉听取了韦伊的建议，哥伦比亚大学的反应果然被韦伊料中。

哈里什·钱德拉是 1958 年菲尔兹奖的热门候选人。也许某些读者并没有听说过菲尔兹奖，那么我简单介绍一下。菲尔兹（John Charles Fields）是加拿大数学家，他用其遗产设立了这个奖项。菲尔兹奖被认为是对数学成就的最高认可，在四年一度的国际数学家大会上，每次至多颁发四枚奖章。在声望上，它可与诺贝尔奖媲美（诺贝尔并未对数学设立奖项）。当然，比起诺贝尔奖来，菲尔兹奖的一万瑞士法郎奖金简直是微不足道。与诺贝尔奖的另一个不同之处在于：菲尔兹奖仅仅授予不到 40 岁的青年数学家。

正如我之前提到的，哈里什·钱德拉是菲尔兹奖的热门候选人之一，据秘密情报透露，哈里什最终未能当选仅仅是由于委员会成员的学术偏见。当年仅仅授予了两枚菲尔兹奖章，分别颁发给英国的罗特（Roth）与法国的托姆（Thom）。评奖委员会的主席西格尔（Carl Ludwig Siegel），毫无疑问是 20 世纪的数学巨擘之一，但他无法忍受与他的数学风格和哲学不同的人。西格尔认为，哈里什·钱德拉的数学属于蜕化的布尔巴基风格，这是他所不能认同的。特别具有讽刺意味的是，在布尔巴基自身看来，哈里什·钱德拉正是西格尔本人在数学上真正的衣钵传人。哈里什·钱德拉未能获得菲尔兹奖，对他的数学成就并不能说明什么，反倒是表明，菲尔兹奖评选委员会在决定授奖时，在设计好的评奖机制方面存在着许多问题。

1963 年，哈里什·钱德拉受邀成为普林斯顿高等研究所的永久成员，1968 年，他被任命为 IBM（国际商业机器公司）冯·诺伊曼（von Neumann）数学讲座教授。他同时是印度科学院和印度国家科学院的院士。1973 年他入选英国皇家学会，后来又当选其他科学院的院士。他曾受邀在 1954 年的阿姆斯特丹和 1966 年的莫斯科国际数学家大会上做报告。然而，他的名誉和取得的奖项实在不及其成就。

我很荣幸曾与哈里什·钱德拉有过一点私人接触。我在普林斯顿高等研究所访问的那一年，曾拜访过他。不幸的是，我从未跟他有过数学上的学术交流，不过倒是有过几次关于数学的有趣交谈。他给我留下了深刻的印象，朴实的外表下掩藏着满腔的热情。他对印度的数学和数学圈有坚定的、直截了当的看法。自普林斯顿一别后，我很少见到他。1983 年 10 月，我重访普林斯顿，参加一个祝贺博雷尔（Armand Borel，他是唯一与哈里什·钱德拉合作过的数学家，也是哈里什·钱德拉在普林斯顿的同事）60 大寿的会议。在会议的最后一天，我还参加了哈里什·钱德拉和他优雅的妻子（拉莉塔在普林斯顿被称作"莉莉（Lily）"）主办的午餐会——一周以前他刚迈入花甲之年。当晚我得知，下午还神采奕奕的哈里什·钱德拉在傍晚突然离开了人世。那个原本以庆祝一位杰出数学家生日作为开始的星期，最终却以哀悼另一位伟大数学家的离世作为结束。

我们都熟悉实数系。现在数学家对每一个素数 p 都发明了一个对应的数系，称为 p-进数系。我们知道实数展成以 10 为底的无穷级数，其中 10 的方幂趋向于负的无穷大。在 p-进数的情况恰好相反，每一个 p-进数可以展成以 p 为底的无穷级数，其中 p 的方幂趋向于正的无穷大：在 p-进数系中，p 的方幂越大本身就越小，而当 p 的方幂趋于正无穷时，它本身就趋于零！乍一看来这些数是奇怪的，但当你熟悉以后这些不安会最终消失。因为存在着无限多个素数 p，所以存在着无限多个这种数系。它们的行为与实数很不相同，但两两之间却极其相似。因此，从某种意义上说，实数系才是最怪异的一个数系，尽管它是我们能看到并对应于我们的直觉的唯一一个数系；而 p-进数系则可以说是违背直觉的。这是我们需要了解的背景。

有一次，我在普林斯顿高等研究所参加一个关于 p-进李群的报告。演讲者反复提到"紧致幺幂李群"。在某个时刻，某位听众打断道："我有点不明白——幺幂李群是平凡的。"当时韦伊也在听众当中，他立即回应道："噢，哈里什总是考虑病态的实数情形！"接下来是一阵哄堂大笑。哈里什就是哈里什·钱德拉，研究实李群表示论的首要专家，毫无疑问，他是自拉马努金之后最伟大的印度数学家。

这个插曲表明他对 p-进群很陌生，然而两年以后，哈里什·钱德拉已经活跃在 p-进群表示的最前线。

到此为止，我只谈到了比我年长许多的数学家，现在我转向与我同时代的两个杰出人物：拉马努江和帕托迪。当我 1960 年来到塔塔基础研究所做学生时，拉马努江已经是这里的学生，但还没有取得学位。不过，作为一个多

拉马努江（C. P. Ramanujam）　　　　　　帕托迪（V. K. Patodi）

面手、深刻的学者与富有原创性的思想者，他已名声在外。前辈们对他的期望大概如此：美中不足的是，（22 岁的）他还没有搞出一些有创造性的工作。他本人对自己的能力似乎也缺乏信心。不过，所有的焦虑在 1962 年都烟消云散了。那一年，他得到了一个关于代数数域上的三次形式的非常优美的结果。之后不久，他对与华林问题——在谈论皮拉伊时我曾提到过这个问题——相关的一个结果给出了一个巧妙而简单的证明。这个结果已经被人们寻求了多年，而且曾引起西格尔的极大兴趣。在数论领域取得了最初的成功以后，他转向了代数几何，在这个领域他的贡献也是富有高度原创性和重要价值的。

我们许多人都从拉马努江那里学到了许多数学，有些数学还是远离于他本人的研究兴趣的。他学识丰富，善于将他对数学的热情传染给其他人。跟随他学习是令人愉快的经历。他惜时如金，将一切闲暇都利用起来，他的许多专题讨论常常持续到深夜。在数学圈外，拉马努江也广为人知。

毫无疑问，拉马努江是印度最优秀的数学家之一，但他从不满足于自己的成就。不幸的是，1964 年他被诊断患上了精神分裂症，病痛的折磨与伴随而来的沮丧情绪，严重妨碍了他的工作。他会间歇性地发病，不过在清醒的间歇阶段，他常常提出优美的结果。最终，他在 1974 年的一次病情发作时结束了自己的生命，终年 36 岁。

在他短暂的一生中，拉马努江主要在塔塔基础研究所，但也访问过其他数学中心。事实上，1965 年他接受了昌迪加尔的一个教授席位，并打算在那里永久定居。他深受那里的同事的喜爱并对他们的热情予以回报，但疾病突发，只待了 8 个月之后他就离开了那里。出于类似的原因，法国高等科学研究所邀请的半年访问也中断了。后来他曾造访英国的沃里克大学和意大利的热那亚大学，他在热那亚大学的同事对他有美好的回忆，并且在他过世以后，数学系设立了一个以他命名的报告厅。根据他的要求，他从塔塔基础研究所搬迁到班加罗尔，并在那里度过了余生。

就在拉马努江过世两年以后的 1976 年 12 月，印度数学又遭受了另一个沉痛打击。帕托迪，一颗正冉冉升起的新星，在 31 岁的黄金年龄不幸殒命。帕托迪于 1966 年毕业于贝拿勒斯印度大学，在孟买大学做了一年的研究学者之后加入了塔塔基础研究所，深造博士学位。早在上大学时，他就来塔塔基础研究所听过课，因而在老师们看来，他显然是优异的。帕托迪很快就吸收了许多非常艰深而困难的数学。1969 年末，他偶然翻到了麦基恩（McKean）和辛格的一篇论文，并立即开始研究文章中陈述的一个猜想。这篇文章用到了米纳克希森达拉姆关于紧黎曼流形上的拉普拉斯算子的深刻结果。这个猜想的主要目标是，为经典的高斯－博内（Gauss-Bonnet）定理提供一个新的途径。几个月以后，帕托迪解决了这个猜想，而这个消息震惊了塔塔基础研究所的每个人。他的论文出现在 1971 年的《微分几何杂志》（*Journal of Differential Geometry*），并立即引起了轰动。帕托迪收到了许多邀请函，并访问了 MIT 的辛格，稍后又在普林斯顿高等研究所访问了阿蒂亚。为得到更多的有趣结果，他进一步发展了他第一篇文章中的思想和技巧；所有这些在他与阿蒂亚和博特（Bott）的合作中达到高潮——他们能够用麦基恩和辛格论文中建议的热方程技巧对著名的阿蒂亚－辛格指标定理给出一个新的证明。

在他职业生涯取得辉煌成就的而立之年，噩耗却悄然来临。他被医生告知，他的身体状况已经非常严重，甚至危在旦夕。即便控制其疾病非常困难，帕托迪仍然坚持研究数学并创造出卓越的工作。1976 年 12 月，就在预定的肾移植手术前几天，数学家停止了思考。在短短的 6 年时间里——尽管经常因疾病而被中断，帕托迪创造了十一篇高质量的论文，其中有一些在他逝世后才发表。

钱德拉塞卡兰（K. Chandrasekharan）

尼赫鲁和钱德拉塞卡兰

　　我前面谈到的所有数学家都不在人世了，现在我想谈谈一个在世的数学家，在瑞士苏黎世退休的钱德拉塞卡兰。[20]他生于 1920 年，由马德拉斯的阿南德·劳引上数学之路。他曾造访普林斯顿高等研究所做博士后。跟他那一代的许多人一样，他研究数论与可和性。他的数学成就是第一流的，但据我来看他对印度数学的更大贡献却在别的方面。他是科学界的一位卓有天赋的组织者和管理者——用哈代的口头禅说，他是"属于布莱德曼级别"的。1949年，钱德拉塞卡兰在普林斯顿时，巴巴也在那里，巴巴向他提供了塔塔基础研究所的一个职位。对此有一个故事，虽然我未能鉴别，但这听起来是真实的。钱德拉塞卡兰在与伟大的冯·诺伊曼散步时，他们看到了不远处巴巴正陪伴着爱因斯坦散步。冯·诺伊曼问起钱德拉塞卡兰是否打算去巴巴在孟买的研究所工作。在得到钱德拉塞卡兰的肯定答复后，冯·诺伊曼说："这个人是一个优秀的物理学家，但不要让他胁迫你——你要在他面前挺起胸膛。"钱德拉塞卡兰似乎听取了这个建议——他与巴巴在观点上的分歧似乎是导致他1965 年离开塔塔基础研究所到苏黎世的诸多原因之一。

　　我想告诉你关于钱德拉塞卡兰的另一个轶事，这是我亲身经历的。这要再一次回到我 1966—1967 年间在普林斯顿高等研究所的访学。我曾陪伴一个消费品位高档的朋友去逛普林斯顿的一家服装商场。我朋友为他自己预订了一套西服，而我需要一条围巾（这花了我 16 美元——要知道这可是在 1966年！）。店员在与我们聊天时问起我们是否认识冯·诺伊曼，我们说认识，他又问起我们是否认识钱德拉塞卡兰，我们告诉他当然认识了。那一刻他说："整个研究所只有这两位绅士懂得如何着装！"

　　在塔塔基础研究所度过的 15 年里，钱德拉塞卡兰将这个羽翼未丰的数学学派发展成世界上最优秀的数学中心之一。钱德拉塞卡兰为塔塔基础研究所研究学者的招聘与训练开创了一个成功的计划；这个计划沿着他所建立的路线延续至今。他坚定不移地要求高水准。他在普林斯顿访问的日子里，曾与许多世界一流的数学家接触，并将从中得到的启示巧妙地用于实践。多亏了钱德拉塞卡兰，赫尔曼·外尔（Hermann Weyl）将他收藏的《数学年鉴》（*Mathematische Annalen*）全部赠送给塔塔基础研究所。他具有非凡的能力，能够邀请到许多数学领袖人物造访塔塔基础研究所，并为他所精选的一些学者开设为期两个月以上的短期讲座。在 20 世纪 50 年代，造访塔塔基础研究所的诸多著名数学家中，以下两个人物脱颖而出：施瓦兹（L. Schwartz，菲尔兹奖得主）和西格尔。他们对塔塔基础研究所数学道路的发展产生了巨大的影响。施瓦兹曾鼓动他的许多同事和学生访问塔塔基础研究所。研究学者被要求留下讲座的笔记，而这些笔记至今在数学界都富有声望。

---

[20] 他已于 2017 年 4 月 13 日去世。

即便在他的专业领域之外的数学领域，钱德拉塞卡兰也有良好的判断力，而且他对年轻人的成就常常给予很及时的认可。同样地，在塔塔基础研究所，没有人能够在他所设立的那个高水准上交白卷。钱德拉塞卡兰成功地向塔塔基础研究所的学生渗透了努力工作的强烈使命感，同时也没有让他们丧失对数学的浪漫情怀。他成功的一个重要原因是，他给予学生的做自己喜欢做的事情的自由。访问者给学生展示了各种不同的数学领域，其中有许多远离于钱德拉塞卡兰本人的兴趣，而学生被鼓励追求任何吸引自己的东西。他自马德拉斯时代就认识并且一直尊敬的拉辛神父，为他提供了有天分的学生的稳定生源。

钱德拉塞卡兰的一个得力助手是拉马纳坦（K. G. Ramanathan）。拉马纳坦是拉辛神父的学生，也曾在普林斯顿做博士后。在那里，他受到了阿廷（E. Artin，20 世纪数学界的另一个主要人物）的影响，不过对他影响更大的是西格尔。正是通过他，塔塔基础研究所的许多人才了解了西格尔的许多艰深工作，而这着重反映于塔塔基础研究所在 20 世纪六七十年代的诸多工作中。拉马纳坦（在七八十年代）还建立了一个小型但高水准的偏微分方程研究小组，偏微分方程领域是一个极其重要的应用领域。这个小组坐落在班加罗尔印度科学所的校园里，意图是促进与该所的交流。拉马纳坦于 1992 年过世。

钱德拉塞卡兰的影响还不止于印度的数学。从 20 世纪 50 年代中期开始的 24 年时间里，他一直是国际数学联盟（IMU）执行委员会的成员之一。他曾任过两届的秘书和一届主席。在这个委员会中他非常活跃，做了许多有价值的工作。自 1956 年开始，塔塔基础研究所每四年会主办一次国际数学研讨会，他就是国际数学联盟的发起人。这些研讨会遍及了数学的各个领域；特别是那些在当前引起了国际兴趣的领域，以及那些印度数学家贡献很大的领域。在过去的这些年里，研讨会取得了极大的成功，而且受邀参加研讨会已经被视为是一种荣耀。

与之相关的，我要提一段个人经历。在 1964 年，塔塔基础研究所主办了一个关于"微分分析"的研讨会，以钱德拉塞卡兰为首的组委会邀请我做一个报告。在研讨会开始前几周，我被通知要求在钱德拉塞卡兰的办公室试讲。我的老师纳拉辛汉也去旁听。虽然钱德拉塞卡兰本人的数学兴趣跟我的报告几乎没有关联；但他很耐心地听我讲了不止一个小时，不时地指点我应该如何表达，并教给我做报告的一些一般技巧。在那时，我有着蹩脚演讲者的坏名声（现在我希望消失了），然而，感谢钱德拉塞卡兰的提点，事实上后来我做的报告颇受好评。

在 20 世纪 50 年代，钱德拉塞卡兰担任《印度数学会杂志》（*Journal of the Indian Mathematical Society*）的主编。多亏钱德拉塞卡兰说服各个领域的专家在此投稿，这个杂志刊登了好几篇大作。

我们塔塔基础研究所的后辈对钱德拉塞卡兰亏欠许多，感谢他为我们带出了一个好的开头。

致谢

在本文翻译过程中，译者曾得到印度塔塔基础研究所的 Sujatha Ramdorai 教授的指点与上海交通大学吕鹏教授、清华大学丘成桐数学中心许权博士、日本京都大学吴帆博士的帮助，特表感谢！

编者按：原文标题 "Artless innocents and ivory-tower sophisticates: some personalities on the Indian mathematical scene"，发表于 *Current Science*, Vol. **85**, No. 4, 25 August 2003, pp. 526−536. 本文是在 2002 年于昌迪加尔举行的印度科学院年会的一次公开演讲的基础上写成的。译稿中的所有脚注都是译者添加的。

弗朗西斯科·塞韦里的政治经历以及在代数几何学上的贡献

Judith Goodstein, Donald Babbitt

译者：周畅

> Judith Goodstein 是加州理工学院的退休档案管理员。
> Donald Babbitt 是加州大学洛杉矶分校的退休数学教授。

弗朗西斯科·塞韦里（Francesco Severi，1879—1961）是科拉德·塞格雷（Corrado Segre）、欧亨尼奥·贝尔蒂尼（Eugenio Bertini）以及费代里戈·恩里克斯（Federigo Enriques）的学生，他作为 20 世纪前半叶意大利代数几何学派的创立者之一而闻名于世。墨索里尼在 1925 年成为独裁者后，塞韦里积极效力于其法西斯政权，这段往事使其名声染上难以去除的污点。尽管他从众多审查中幸运地脱身，重新回归了天主教信仰，并断然否认自己（经常有人指控他）是反犹太主义者，但最终仍没有将自己彻底洗白。

二战以后第一个（或者说是其中之一）为塞韦里辩护的人是贝尼亚米诺·塞格雷（Beniamino Segre）。塞格雷在 1938 年政府实施反犹条例后，丢掉了在博洛尼亚（Bologna）大学的教席；并因塞韦里的指令而被解除意大利最古老科学期刊编辑的职务。然而，塞格雷坚持认为，塞韦里的"所谓反犹太主义"的谣传不堪一击，一定有"一些误会"在里面。尽管他曾做过塞韦里在罗马大学时的助理（1927—1931 年），职务之便使他对塞韦里的政治观点急剧地从左转右一目了然，但是塞格雷仍然煞费苦心地提醒意大利的数学界与科学界：他的导师曾经拥护过意大利的议会民主制，并且抗议过 1924 年对于吉亚科莫·马泰奥蒂（Giacomo Matteotti，社会党副主席）的残忍谋杀行径，还签署了哲学家克罗齐（Benedetto Croce）的反法西斯宣言——这些行为使他被迫于 1925 年辞去了罗马大学的校长一职。塞格雷认为，这些事件表明"塞韦里与法西斯政府之间存在严重分歧，并且这种分歧一直持续了很多年，即使在让他加入意大利科学院以后也是如此"。

本文对于塞韦里在战时以及战后时期的政治经历给出更为全面的审视。主要的资料来源于贝尼亚米诺·塞格雷与奥斯卡·扎里斯基（Oscar Zariski）的通信、意大利中央档案馆中意大利政府对于法西斯时期的记载以及罗马大学和山猫科学院（Lincei）[1]的历史档案。塞韦里的私人文章已下落不明，有可能已经被他销毁。有些数学家也许能找到在法西斯主义统治下的一些关于他的活动的记录，但是大家更愿意提及他在数学上的成就。其他人则希望他的灵魂不再受打扰。

1989年，意大利几何学家爱多拉多·威森迪尼（Edoardo Vesentini）在山猫科学院的一次讨论中提到了这个话题，当时正在召开一个为期一天的关于意大利种族法的文化后果的会议。威森迪尼提到了自己的原则，"即使我们都知道一些不为人知的秘密，我们仍然选择遗忘或者回避，虽然我们都知道这样的一种认识不能被无限期地延迟"，这种倾向在他的老师以及意大利数学界中更高级的成员中——在法西斯政权发布了意大利种族歧视的宣言之后的五十年中似乎更加严重了。他告诉大家，一些同事刚刚去世，应该"满怀敬意与爱意"去纪念他们。幸运的是，他那个时代的数学家，也就是1945年以后的数学家们，至少是耻于与那些歧视犹太人的数学家为伍的，比如那些曾经拒绝卡斯泰尔诺沃（Castelnuovo）和恩

为了纪念出版活动50周年，塞韦里为Zanichelli（与恩里克斯关系密切的一家出版社）提供了一次出版自己作品全辑的机会。但是Zanichelli拒绝了，于是塞韦里退而求其次出版作品选集并争取到了贝尼亚米诺·塞格雷的帮助。塞韦里选取了自己的这张照片放在卷首，但是他请求塞格雷去掉了自己的法西斯徽章

里克斯（两个犹太数学家）进入研究所的数学图书馆的人。威森迪尼说，战争结束后卡斯泰尔诺沃的乐观态度使他在将整个国家的数学步入正轨的过程中起到了至关重要的作用。他强调说，"卡斯泰尔诺沃的宽容和远见不能阻止那些年被调查和审查事件的发生……因为这些事件是科学史的一部分。"

对政治的兴趣

塞韦里1879年出生于意大利阿雷佐（Arezzo）的托斯卡纳（Tuscan）地区的一个穷人家庭，他是这个家庭中九个孩子中最年幼的，身为一个男孩，他对政治表现出了浓厚的兴趣，尤其是对于意大利愈演愈烈的社会主义运动。

---

[1] 历史悠久的欧洲著名科学院，成立于1603年，长期被当作意大利国家科学院。——译者注

在 1905 年成为帕多瓦（Padua）的数学教授之后，塞韦里与左翼"帕多瓦反流行组织（blocco popolare patavino）"结盟，后者为了回报这次结盟，任命他为市政燃气和自来水公司的主管。1910 年，他加入了社会党，并很快当选为帕多瓦公社委员，后成为社会党的市议员。一战爆发时，塞韦里站在反对英国和法国的一方。他同支持意大利中立的社会党断绝了关系，并且当意大利在 1915 年加入协约国之后，他立即志愿加入军队。

在 1918—1925 年间，塞韦里一直从政，并且受到战争老兵以及社会党联盟的支持。他曾经当过一段时期的全国大学教授协会的会长，并且在乔瓦尼·詹蒂莱[2]（Giovanni Gentile）的推荐下成为罗马大学的校长，后者当时是教育部长。我们并不很清楚塞韦里与他是如何认识的，只知道詹蒂莱是一个哲学家以及法西斯意识形态的拥护者，他的政治观点也许影响了塞韦里。但是，在墨索里尼 1925 年宣布专政——"我们不是一个内阁，甚至不是一个政府，我们是一种政治制度"后的几年，第二领袖（墨索里尼自封为法西斯运动的"首领"）在那年的春天告诉议会的副手们——塞韦里开始向法西斯领导者们源源不断地发送文章，并且文辞华丽。塞韦里开始将墨索里尼看作自己的领导（第二领袖已经以一个社会党员的身份开始自己的政治生涯了），并且摆脱掉自己与社会党的政治关系，因为社会党已经不再适合他的政治野心了。尽管他后来写到，他公然反对对于马泰奥蒂（Matteotti）在 1924 年的政治暗杀的反抗行为，已经永远结束了他的政治生涯。但历史记录表明，他希望在新的法西斯国家的精神生活中扮演一个重要的角色。事实也是如此，塞韦里积极利用其在政界的人脉来推销自己。

意大利科学院[3]

因为计划成立一个新的国家扶持的文化机构，意大利皇家科学院在 1926 年开始初具雏形，塞韦里非常渴望成为其中的一位数学家。但是，众所周知，另一位罗马的代数几何学家恩里克斯已经被提名了，他生于一个意大利裔犹太籍家庭。塞韦里与恩里克斯由于完备性定理的代数几何证明而不和已久，同时还有其他一些事情也刺激到了塞韦里的野心。

他为自己的政治前途思考得越多，他也似乎越确信对于法西斯的一个效忠宣誓有多重要。所以，在 1929 年 1 月，塞韦里以大多数教授的名义，主动

---

[2]詹蒂莱是法西斯政府的狂热支持者，并且是意大利哲学圈里的主要人物，他在任职教育部长期间（1922—1924）施行了长期的教育改革。被称为"法西斯哲学家"的詹蒂莱为墨索里尼起草了几本重要的政治宣传册，其中包括许多法西斯作家以及艺术家在 1925 年签署的"法西斯知识分子宣言"。

[3]法西斯政权所筹划建立的科学院，以取代山猫科学院的地位。1943 年，法西斯政权垮台后即被解散。

向墨索里尼发了一封激情洋溢的备忘录，他建议必须设置一个宣誓的捷径来保护像他自己那样已经进行过非正式表示效忠决心的人，比如签署十字宣言。他补充道，"否则会使我们的大学流失很多杰出的数学家，在罗马大学可能几乎没有人能保留下来。"[4] 塞韦里继续说道，"我在国外从未有过任何被认为是反对政权的行为或是发表过类似的言论。"尽管塞韦里那时还没有成为党员（他在 1932 年加入法西斯党），他已经开始逢迎墨索里尼的政权了。

2 月中旬，塞韦里为了自己的政治抱负，而求助于其大学同事和知己詹蒂莱——他此时已经不再是教育部长了。他在给詹蒂莱的信中语重心长地重申，意大利非常需要一个效忠宣誓，以此来区别并且孤立那些敌视法西斯政权的大学教授，同时可以奖励像他自己那样已经与墨索里尼政府理念达成一致的人。"正如我已经亲口告诉你的那样，"他提醒詹蒂莱，"我已经尽自己最大能力来做这件事了，并且我有理由认为，政府首脑会很好地处理此事。"然后，他继续指导詹蒂莱如何处理这件事中的其他利益相关者，包括新闻界、法西斯的一般成员以及各种相关部门，以及他们应该知道什么、不应该知道什么。在简短的附言中，塞韦里告诉詹蒂莱，他已经尽量地平息与恩里克斯由来已久的关于教材的争执了（但是非常令人厌恶），他也提到恩里克斯的科学院任命不会一帆风顺。詹蒂莱对于这封信的回复（如果有的话）并没有保存下来。

不知是偶然还是有意安排，塞韦里最终得到了自己梦寐以求的职位。3 月中旬，即仅仅是一个月以后，政府从发送给意大利科学院负责人的候选人名单中删除掉了恩里克斯的名字，取而代之的是塞韦里。时任东方学校主管的乔治·李维德拉维达（Giorgio Levi della Vida）回忆道："校长是弗朗西斯科·塞韦里，一个伟大的数学家以及一个精力充沛的人……他的反法西斯主义完全不能抵挡得住意大利（皇家）科学院的诱惑，于是，这第一个失误导致了以后接二连三的错误，这些错误最终演变成对于政权的狂热支持。"

1929 年，政府公开宣布对塞韦里的任命之后，他收到了许多贺电，其中之一就来自于他在罗马大学的同事——也是当时意大利最杰出的数学家——微分几何学家图利奥·列维-齐维塔（Tullio Levi-Civita，1873—1941，是犹太人——译者注）。塞韦里在巴塞罗那（Barcelona，他当时正在那里讲课）给他这位二十多年的老朋友回复了一封标着"机密"的信件。他在信中表示对于自己被任命感到"非常吃惊"，并且对于列维-齐维塔的名字的遗漏表示遗憾。"我当然会很乐意见到您——意大利最杰出的数学家——也能进科学

---

[4] 在两年之后的 1931 年，意大利开始执行所有大学教授需要效忠宣誓的规定。1250 个学者中有 12 名勇士拒绝签署，因此丢掉了他们的工作，其中包括法西斯统治之前意大利数学学派中公认的领军人物——维多·沃尔泰拉（Vito Volterra）。塞韦里和沃尔泰拉之间的关系总是大起大落，因为沃尔泰拉是一个公然反法西斯主义者，他曾经在一次山猫会议中对塞韦里说："代数几何毫无用处。"

院，"他写道，"我们相信以后能做到，"含蓄地表示或许打算提名他的朋友。这一年的稍晚时候，塞韦里向他这位犹太同行又提起这件事，列维-齐维塔写信提醒说，自己在 [进科学院的] 路上显然有障碍（"两个公开宣布或暗中设立的障碍"）：政治与宗教。历史学家安娜莉萨·卡普里斯托（Annalisa Capristo）对种族法前后意大利学术界对犹太人的排斥有广泛的研究，她曾经写道，"事实上，我们不知道其他可能的'障碍'。然而，在这个微妙的问题上，两位通信者保持了——至少是在他们的信中——一种可以理解的谨慎态度。"

梵蒂冈（Vatican）首先行动起来。1929 年 2 月，墨索里尼政府和梵蒂冈签署了《拉特兰协议》（Lateran Accords），彼此承认国家主权，1929 年 4 月，也即仅仅在意大利皇家科学院宣布其前三十个成员的一个月之后，梵蒂冈科学院选举两个生于犹太家庭的数学家：列维-齐维塔以及维多·沃尔泰拉（Vito Volterra）作为科学院的成员。反法西斯组织很快就注意到墨索里尼科学院的上述成员中没有意大利裔犹太人，事实上法西斯科学院从来不承认任何犹太人及其地位。梵蒂冈仅仅是平衡了一下局面而已。

那年 10 月，意大利皇家科学院的三十个成功的候选人，其中包括物理学家恩里科·费米（Enrico Fermi）、作曲家皮埃特罗·马斯卡尼（Pietro Mascagni）以及唯一的数学家塞韦里，都聚集在罗马市政厅的卡比多里奥（Campidoglio）广场上，在这里，城市的统治者——弗朗西斯科·邦康姆帕格尼·路德维希（Francesco Boncompagni Ludovisi）王子宣布他们就是意大利知识界中的贵族。这些人穿上盛装，而且享有每个月三千里拉的津贴，并且晋升为"阁下"的等级，塞韦里被指派为意大利数学的政府发言人——至少在意大利新的统治者的心目中是这样认为的。弗朗西斯科·特里科米（Francesco Tricomi）作为塞韦里在罗马的助手之一，同时他也是积分方程经典教材的作者，他后来回忆道，塞韦里作为一个活跃的法西斯主义者——虽然早期他也是一个反法西斯主义者——至少在某种程度上他希望是这样，成为法西斯专政时期意大利数学界的领军人物。

塞韦里继续在法西斯科学院的事务中扮演着活跃的角色。除了尽职地参加会议以外，他还提名成员候选人，其中包括在 1933 年以及 1934 年对列维-齐维塔的提名，虽然他和列维-齐维塔都清楚其他犹太候选人所面临的无法逾越的障碍。除了任职于各种委员会，其中包括主管一个净化意大利语言中外来语（比如说，鸡尾酒）的协会，与此同时，他还提交了大量文章，其中有他自己的，也有其他人的，事实上，后来他解释这一行为时，曾自豪地认为自己介绍了犹太科学家创作的十四篇文章中的十三篇文章。然而，1931 年，当墨索里尼和其幕僚——科学院院长古列尔莫·马可尼（Guglielmo Marconi）阻止科学院将科学领域中的第一个墨索里尼奖章颁奖给强硬的反法西斯主义者——犹太籍人体解剖学教授朱塞佩·列维（Giuseppe Levi）时，塞韦里并没有站出来为朱塞佩·列维辩护，而且对于政府违反自己制定的规则的行为也没有提出任何异议。（第一个墨索里尼奖章最终授予了一个著名的基督教徒——与新政交好的生理学家以及探险家菲力普·德·菲力皮（Filippo de Filippi）。）

塞韦里与同事的交往

塞韦里总是给人一种傲慢专横、阴晴不定的印象。似乎在他身上看不到中间立场：他会让身边的人感到困惑（"塞韦里很容易迷惑他人，当他做一些事情时，他会做得近乎完美"，西西里的数学家盖塔诺·斯科尔扎（Gaetano Scorza）曾经这样说过）。同时，英国代数几何学家伦纳德·罗特（Leonard Roth）在 1930 到 1931 年曾经在罗马待过一段时间，他曾经有一个著名的论断评价塞韦里"要么是因为自我批评，要么是由于错误的判断而表现出来一种孩子般的无能为力"。更糟糕的是，罗特还补充说，"他涉足政治，如果他不干涉其他人或许情况要好一些。"

斯科尔扎的儿子朱塞佩·斯科尔扎·德拉贡尼（Giuseppe Scorza Dragoni）回忆道，与塞韦里的数学合作也是具有挑战性的，他曾与塞韦里合作编写了 1942 年和 1951 年出版的权威大部头著作《分析教程》（*Lezioni di Analisi*）的第二卷和第三卷。塞韦里去世以后，斯科尔扎在给塞格雷的信中提到，由于这位托斯卡纳数学家公务繁忙，而导致与他合作困难重重。事实上，他曾经在罗马待过一个假期的时间，只在最后一天才与塞韦里见上一面。斯科尔扎也很快地发现塞韦里不承认自己的错误。"但是，当我意识到这最后一点时，我很轻松地就搞定了：我不是去告诉他这是他的一个错误，而是假装不理解，直到塞韦里在我巧妙的指引下发现这个错误，并且自己来改正这些错误。"

罗特指出，塞韦里认为"世界没有给予他应得的回报。尽管在他鼎盛时期，荣誉和邀请函纷至沓来，然而他永远都是不知足的，他似乎永远都是愤愤不平的"。

塞韦里在 1930 年去南美就是这样一个典型例子。他在布宜诺斯艾利斯（Buenos Aires）为大学的观众做了一系列专业性的演讲，根据其中一位观众所说，塞韦里说他本来要去阿根廷为当地的居民讲授数学。他也不无炫耀地在一些演讲中说过他与列维-齐维塔在一些观点上存在分歧。塞韦里的说法令观众席中的那些了解并认可列维-齐维塔在微分几何中的开创性工作的数学家们非常不满。塞韦里进一步的直白要求激怒了东道主，"如果你们已经让法国数学家雅克·阿达马（Jacques Hadamard）和恩里克斯成为阿根廷科学学会的成员，那么，你们为什么不让我也成为会员呢？"学会成员们在塞韦里的数学声望方面有着深刻的分歧，他们推迟了让他当选的决定，直到他们能够更多地了解他的为人。这项任务委托给了列维-齐维塔的老同学菲利克斯·卡里（Felix Carli），他既是阿根廷科学学会的成员又是布宜诺斯艾利斯数学与物理学会的成员，他写信给列维-齐维塔说，"我请求你告诉我，这个人怎么样。"我们并不清楚列维-齐维塔的回复，塞韦里身上大量的荣誉与身份中，却不包括任何一个阿根廷科学组织成员的身份，也许恰可说明列维-齐维塔对塞韦里的不冷不热的评价。

特里科米与罗特一样，曾经当了塞韦里四年的助手，他可以告诉我们他在罗马的经历。他说，塞韦里作为一个教授和导师，知道如何让他的学生努力前进，从教育学的观点来看，他是一个优秀的教师，而且特里科米认为他的教学任务对自己很有帮助，不像塞韦里的其他助手那样认为这是在"浪费时间"。然而，特里科米也认为，"塞韦里表现得像是'国王'，有些傲慢自大……尽管我从未与他有过任何实质性的冲突。"特里科米将其归因于自己的尽职尽责、任劳任怨。后来，特里科米的学术地位提高了，成为佛罗伦萨的一个数学教授，他对于塞韦里就不唯命是从了，他坚定而有礼地提醒塞韦里，"我不再顺从他的命令了"。

几年之后，贝尼亚米诺·塞格雷成为塞韦里的助手，较其他学生而言，他与塞韦里走得更近一些，他形容塞韦里"野心勃勃而好斗"。为了更准确又公正地描绘塞韦里在二战时期的形象，塞格雷说，"我们需要记住，塞韦里的性格复杂多变、个性独特。"塞韦里形容自己为"无尽的精力让我喘不过气来，倍感痛苦"。总的说来，塞格雷总结道，无畏的、自信的表象反映出塞韦里的内心其实非常害怕不被接受和赏识。美国数学家奥斯卡·扎里斯基 20 世纪 20 年代在罗马与塞韦里曾经接触过，他告诉采访者，塞韦里曾经对他说，"奥斯卡·扎里斯基，我爱你，但是你不爱我"，尽管战后两位数学家之间的通信表明他们之间更为复杂微妙的关系。

公共事务

塞韦里与他在罗马的同事恩里科·费米（Enrico Fermi）截然不同，后者从不谈论政治，而前者则积极地与墨索里尼政府合作。在 1933 年出版的《意大利画报》（*L'Illustrazione Italiana*，意大利的一本畅销周刊）上的一篇标题为"法西斯主义的科学"（Fascismo e Scienza）的文章中提到，塞韦里解雇了那些仍然沉迷于过去（"带有传统政治观点以及其他时代鄙陋教义的可悲偏见"）的人，而以爱国主义的名义赞扬了那些忠于政府的人，因为执政者致力于重现罗马的辉煌，并且从数学始，将意大利在科学界的地位进一步提升。塞韦里一直以来都以意大利的数学学派而自豪，他曾经告诉他的读者们说"并非每个人都知道······意大利即使不是首屈一指，今时今日在数学上其实也占据着最重要的位置。到处都是国外的数学家，所以，作为意大利人和法西斯主义者，我们有理由为此而自豪。""更重要的是，我们输出很多思想，甚至多于传入进来的思想。"甚至在战争结束以后，塞韦里坚持认为意大利数学（也可以说是他自己的成就）在国外没有得到应有的荣誉[5]。塞韦里在1949年3月给《数学评论》的执行主编拉夫·博厄斯（Ralph Boas）的一封信中写道："非常感谢法比奥·孔福尔托（Fabio Conforto）对我的文章的评论，可是我发现，原稿中的最后几行被删除了，其中对我的工作表达出了一种合理的意见。我很伤心，因为我的工作在《数学评论》中没有被公正地评价，所以我特意指出这一点。经过半个世纪在科学上的辛勤耕耘，这是第一次我不得不向一个出版物表达牢骚之情。发表······孔福尔托的最终评论可能会再次验证《数学评论》的主编没有某些评论员的令人不快的态度，无论如何，处于你的位置上······你与很多数学家都有联系，并且有很多机会可以把人们聚在一起。因此，我相信你在恢复意大利数学声望上所做的努力，意大利数学是富有活力的······作为一个热爱自己国家以及自己的学科的人而言······这让我非常忧伤，并且我愿意为此做出一些牺牲，因为我相信，与其说我这样做是出于我的兴趣，不如说是为了忠实于我的学派而辩护，像大多数意大利人那样，在巨大的灾难过后，努力使我们的国家在智力和精神领域达到国际先进水平，在这个领域中，意大利本身在整个世纪中都曾是翘楚。"

　　意大利在1938年颁布的反犹太法案突然地改变了塞格雷和塞韦里之间的关系。10月16日，也就是种族歧视法颁布之后，塞格雷被赶出教室，并且从各种科学学会及组织中被驱逐，同时还被解除了《纯粹数学与应用数学年报》的总编职位。当天，他在博洛尼亚写给奥斯卡·扎里斯基的信中说："这场风暴让我们在过去几个月里备受冲击，使我们有一种无法言说的道德之痛，更痛苦的是某些熟人的无动于衷甚至可以说是敌视的态度。"他非常谨慎，并没有提及名字。同一天，塞格雷给这个期刊的编委会成员之一的列维-齐维塔写了一封信，信中他认为塞韦里就是排斥和驱逐他们的始作俑者。"是塞（韦里）提出的这个倡议，他不久前曾向（某一组织的）负责人指出年报编辑部的形势。"于是，上述负责人写信给某博士（名字不详）希望得到一些建议，这个人完全将此事搁置不理，直至塞韦里做出决定。杂志的四位编辑中的三位犹太人已相继离开了编辑部（圭多·富比尼（Guido Fubini）也被解雇了），塞韦里在1925年已加入了编委会，于是他成了杂志的唯一编辑。他告诉列维-齐维塔，"目前为止，还从未发生过类似的事情。"塞韦里在一篇发送给乔瓦尼·桑索内（Giovanni Sansone）的文章（多年之后发表在了年报上）中回

---

[5]就此而言，最近出版的比较有权威的参考性著作《普林斯顿数学指南》（Princeton Companion to Mathematics）也没有引用意大利代数几何学派的贡献。

1930 年，意大利法西斯科学院在法尔内西纳宫的就职会议。身穿礼服的古列尔莫·马可尼（Guglielmo Marconi）坐在墨索里尼的旁边。包括塞韦里、塞萨尔·巴扎尼（Cesare Bazzani）（左一、左二）以及弗朗西斯科·西奥达尼（Francesco Giordani）（右三）在内的其他学者围坐桌旁

顾这件事时提到"悲惨的法令"使得他"在年报的科学委员会中非常孤独，不期然地，就成了唯一的总编辑"。他的同事乔瓦尼·桑索内是第一个与塞韦里交流他掌管杂志事务的人。

斯普林格的出版商在 1938 年命令其编辑奥托·诺伊格鲍尔（Otto Neugebauer）[6] 将列维-齐维塔的名字从《数学文摘》（Zentralblatt）（诺伊格鲍尔创办的一本知名的国际性评论期刊）的发行人栏中去掉，因为根据意大利的种族法，他不再是一个大学教授了。塞韦里的名字很快就出现在这个位置上。而在 1940 年意大利数学学会计划在博洛尼亚举办第二次会议时，组织者们一直在争论是否邀请列维-齐维塔就相关主题做报告，因为列维-齐维塔是前会员以及广义相对论方面的专家。据说，塞韦里曾说，"拜托，我们刚刚把这个种族去掉。"[7] 意大利数学史家乔治·伊斯拉埃尔（Giorgio Israel）和皮埃特罗·纳斯塔希（Pietro Nastasi）曾经写作了大量关于法西斯时期意大利科学以及种族的作品，他们也说过，在种族法实施之后，塞韦里亲自介入到

---

[6] 诺伊格鲍尔随后辞去了在斯普林格期刊的所有编辑职务，离开德国，在 1939 年进入美国的布朗大学，在这里，他成为美国数学学会主办的新文摘期刊《数学评论》的创始编辑。

[7] "Per carità, ci siamo appena liberati di quella razza." 这个故事是数学家乌戈·阿马尔迪（Ugo Amaldi）在一次会议上告诉儿子爱多拉多·阿马尔迪（Edoardo Amaldi，二战后重建意大利物理学的核心人物）的，他在私人通信中又告诉了爱多拉多·威森迪尼（杰出的代数几何学家以及山猫科学院的前院长），2011 年 11 月 11 日西尔伯斯坦（Tullio G. Ceccherini-Siberstein）又将这个故事转述给了本文作者（朱迪思·古德斯坦）。

了拒绝他的犹太同事进入罗马大学数学图书馆的事件中[8]。两年之后，塞韦里在写给列维-齐维塔的友情便条中，向列维-齐维塔致歉，因为他没能亲自递送最新发表的《纯粹数学与应用数学年报》的杂志，"但是既然我发现已经迟了，所以我现在发给你，只要有机会我会当面向你致敬"。历史并没有揭示塞韦里是否守约。

十年后，塞韦里已经巩固了他在意大利数学界的领导地位。1938 年春天，塞韦里请求墨索里尼扶持罗马的高等数学研究所，这个研究所是由元首、教育部长朱塞佩·伯塔伊（Giuseppe Bottai）以及另一个法西斯高官在 1940 年创办的。不出所料，塞韦里也成为这个机构的首任负责人。在种族法颁布之后，他接替恩里克斯成为罗马大学高等几何的教授，也取代恩里克斯成为罗马科学史研究生院的教务长。在他长长的荣誉与任职履历中，还有一个身份是科学院的成员，当时罗伯特·密立根（Robert Millikan）、马克思·普朗克（Max Planck）、欧文·薛定谔（Erwin Schrödinger）以及其他杰出的科学家都是科学院的成员。1939 年，有一个位置空缺，塞韦里作为竞争这个职位的四个科学家之一，其优势并不明显。有一个科学院成员给加州理工学院的密立根写信，强调塞韦里的当选会给科学院带来的好处，"我们所有人都怀着极大的兴趣关注这个名字，塞韦里教授，不仅因为他是数学界的王子，是当今世界上代数几何领域最优秀的人才……而且因为他在意大利的权威性以及政治地位，我们需要借助他来搭建意大利当局和科学院之间联系的桥梁。"我们很好奇已经当选的塞韦里是否体会到需要倾听长期会员列维-齐维塔和维多·沃尔泰拉（Vito Volterra）所提交文章的讽刺，这两个人在墨索里尼执政的意大利曾经因为犹太人和反法西斯分子的身份而饱受折磨。

调查与复职

罗马自 1944 年 6 月解放以后，意大利的临时政府成立了一个高级委员会批准反法西斯主义者来调查战时反对党员的合作组织，这些组织被调查的原因有的是因为积极参与法西斯政治生涯，有的是因为在墨索里尼 1943 年被免职之后仍忠实于他。当年，在公共教育部部长的命令下，委员会开始处理反对塞韦里的案例，他是唯一的被以这种方式处理的数学家。最初他们只是暂时中止他在大学的教学工作，1944 年 8 月 1 日生效，塞韦里请求裁决。面对指责，塞韦里反击说他已经因为战时政权而道歉，他在西班牙和葡萄牙曾经做过科学方面的报告，而非政治演讲，并且他 1943 年去德国的唯一目的就是接受一枚与哥白尼学说周年纪念日有关的奖章。1945 年 5 月，塞韦里的停职

---

[8]塞韦里的学生马丁内利（Enzio Martinelli）的私人通信是这个故事的主要来源，乔治·伊斯拉埃尔在 2011 年 10 月 28 日告诉了本文作者朱迪思·古德斯坦。

被撤销，取而代之的是一份轻微的处罚（sanzioni minori），以及放在他的大学个人档案中的一封表示谴责的函件，但是这些并没有妨碍他在 1945—1946 年期间在罗马的高等数学研究所教授高等几何的工作。

当反犹太事件愈演愈烈时，塞韦里指出，他曾为了帮助列维-齐维塔（1941 年已去世）争取在意大利科学院的会员位置而不懈地努力，而且他与塞格雷一直保持着友谊，他总是把塞格雷描述成自己的得意门生。中央委员会以及分委员会在 1945 年审查意大利科学院前会员的行为时，都没有发现塞韦里的个人行为及职业行为中一些应受谴责的事情。在这篇关于塞韦里行为的报告中，委员会提到，"塞韦里教授是一个道德清廉、洁身自好的科学家，这是毋庸置疑的。"面对后来新一轮对于前法西斯会员的调查，塞韦里告诉塞格雷，"我会清清白白地从这些痛苦的审查中脱身而出的。"

塞韦里的预言在一定程度上变成了事实。1945 年，临时政府指派一个分委员会重新组成意大利著名的山猫科学院，其中的很多成员都是意大利科学院的会员。这个委员会的主席发现塞韦里的活动范围证明了，"一种独立而无畏的行为来确保科学凌驾于主流政治之上"。正如中央委员会曾经总结的那样，塞韦里"从法西斯得到的利益永远没有他作为一个杰出的科学家所付出的责任多"。然而，当年夏天，委员会成员全体一致决定清理山猫科学院中那些在 1944 年 3 月参加在（德国控制的）佛罗伦萨举办会议的人，不管他们出席的原因如何。塞韦里当时出席了这个会议，因此他被清除出了科学院。那年 6 月，在战争期间归隐起来的委员会成员之一——犹太数学家圭多·卡斯泰尔诺沃（Guido Castelnuovo）写信给塞韦里，"我很痛苦的是，有必要对于那些像你这样给意大利带来荣誉的科学家采取一些保护措施。"

根据委员会的结论，塞韦里的过错之一就是接受了来自他的老朋友——当时的意大利科学院院长詹蒂莱的邀请，参加了纪念 18 世纪政治哲学家维科（Gianbattista Vico）的典礼。塞韦里回复圭多·卡斯泰尔诺沃的信时说，"我没有理由修正我生命中的任何一页痕迹。"塞韦里远不承认自己的任何过错，他为自己的出访而辩护，但是，他认为在附言里补充这件事的说明很有必要，他在其中指出"在那些与种族法有关的他的行为的重要例子中"，他曾关照让圭多·卡斯泰尔诺沃关于微积分起源的著作在 1938 年以后仍继续传播。

詹蒂莱也未能将事态进一步明朗化，1944 年 8 月，他在佛罗伦萨骑车时被共产党员暗杀。四年以后，意大利的司法部长帕尔米罗·陶里亚蒂（Palmiro Togliatti）在 1948 年 7 月宣布大赦，塞韦里重新当选为山猫科学院的成员。他当时已经失去了自己在罗马高等数学研究所的领导位置，但是后来在大赦之后又重新拥有了这个职位，直到他去世。

尽管塞韦里强烈否认自己在战争末期是一个反犹太分子，但是他在给塞格雷的信中说，他发现别人"将我描绘成一个反犹太分子，尤其是盎格鲁撒克逊人……并且推定我是一个带有种族歧视的人，虽然我从来都不是，你和很多犹太人都十分清楚这一点。"最恰当的例子就是奥斯卡·扎里斯基[9]，他生于一个俄罗斯裔的犹太家庭，并且是哈佛大学的代数几何学家，他在 1945 年之后并没有急于与塞韦里恢复联系。塞韦里告诉塞格雷，"我很难过他没有回复我的信，我在 1948 年给他邮寄了很多我的文章、书籍还有一封善意的信……同样，我给所罗门·莱夫谢茨（Solomon Lefschetz）也邮寄了这些东西，但他很快就回复了我……并且表达了他的感谢。而奥斯卡·扎里斯基却没有回复，除非有所改变，否则从此以后我再也不给他写信了。我知道奥斯卡·扎里斯基对我有怨言，托马斯·罗德里格斯·巴切赖尔（Tomás Rodriguez Bachiller）在哈佛写信给我，他已经……向奥斯卡·扎里斯基解释了真正的事实，似乎奥斯卡·扎里斯基也被说服了。他仍然可能认为我是反犹太分子，这个强加于我身上的最严重的诽谤已经传播开来。为什么他会认为我与恩里克斯的争论就是反犹太的表现呢？"

塞韦里同时觉得，这些指控极大地损害了他自己在数学界的声望。他在写给塞格雷的另一封信中说，"反对我的这些攻击最终会有损意大利几何学在国外尤其是美国的声望。你只需看看就知道，奥斯卡·扎里斯基的抽象代数学的团体是如何以敌视的态度对待我们的，纵使他是在意大利（而且还是在我的指导之下）形成自己的数学观点的。"

塞韦里也发现一些法国数学家在战后时期一直都对自己有反感之情，1955 年塞格雷在写给法国数学家雷内·加尼埃（René Garnier）的信中，明确地表示，塞韦里反犹太的传言与自己所了解的并不一致。塞格雷还重申了塞韦里在过去曾经为他辩护的一些争论，以及塞韦里与塞格雷的交往过程。雷内·加尼埃在他的回复中说，他个人非常相信塞格雷的陈述，但是其他人可能不会这样想，因为"巴黎的数学家非常强烈地抵制塞韦里"。

哈佛大学档案馆里存放的奥斯卡·扎里斯基的文章中有一些塞韦里和奥斯卡·扎里斯基之间的往来信件。没有一封是二战之前的，他们在 1948 年之后交流了几封信件，也就是在那时，他们恢复了通信往来。塞韦里在回复奥斯卡·扎里斯基于 1953 年夏天写的信中，要求知道为什么奥斯卡·扎里斯基提到了希特勒和墨索里尼："也许我有义务站在那些不得不在一开始就从天堂逃离出来但没有找到避难所的人的前面？……你的提及向我验证了，在数学

---

[9]扎里斯基在乌克兰上的中学，然后进入基辅大学（1918—1920）。他在 1921 年进入罗马大学成为大三的学生，并且在 1924 年在卡斯泰尔诺沃的指导下获得了博士学位。扎里斯基后来说卡斯泰尔诺沃为他选择了一个适合他的题目（伽罗瓦理论），是因为卡斯泰尔诺沃认为就意大利代数几何学派而言，扎里斯基本质上不是一位真正的几何学家。扎里斯基 1927 年进入约翰·霍普金斯大学之前在洛克菲勒奖学金的资助下完成了他的研究生工作。

世界的某些特定领域中存在这种对我不友好的态度，我因此而备受伤害，且从未停止······我也时常感受到你对我的冷漠。但是，我知道这是你的性情所至。"然后，塞韦里转而谈论一些数学问题。从他们后来的通信中可以发现，他们再也没有提起过这个话题。

一年后，1954 年举办的关于代数几何学的国际研讨会的报告人名单去掉了塞韦里的名字。奥斯卡·扎里斯基写信给组委会主席说："对于去掉塞韦里的名字一事我很担忧。我认为只要塞韦里能够并且愿意出席任何一个代数几何方面的会议，那么他在这些会议中都值得拥有一席尊贵之地，我们应尽力避免伤害一个对代数几何做了如此多贡献的人的感情。"后来，塞韦里就接到了这次会议正式的邀请函。[10]

塞韦里于 1961 年 12 月 8 日在罗马逝世，终年 82 岁，正如他曾经写下的那样，他一直都自豪于"我从来不后悔我这一生中所做的能够表达我与祖国休戚与共的所有行为"。

作为数学家的塞韦里

塞韦里在 20 世纪前半叶在一些数学领域做了最重要的贡献，他和圭多·卡斯泰尔诺沃、费代里戈·恩里克斯被认为是那个时代意大利三个最伟大的代数几何学家。塞韦里是一个多产的数学家，一生共有 415 部作品，其中包括 34 本著作，范围遍及初等数学知识以及专题论文。他具有天才的几何直觉，然而，当这种直觉与意大利代数几何学不严密的数学语言以及他们所谓的证明符号结合在一起时，使得他很多时候要么就是陈述一个真正的定理，但不可能将他的证明转换成让人接受的现代形式（例子详见约瑟夫·哈里斯的文章）；要么就是将一个"几乎为真的"定理作为一个真正的定理来陈述，但是后来的数学家必须修正它以得到真正的定理（这方面的例子详见罗伯特·拉扎斯菲尔德（Robert Lazarsfeld）的文章）。讽刺的是，塞韦里所论及的其他很多思想总能提供正确的证明。对于两次世界大战之间的意大利代数几何和包括塞韦里在内的几何学家的权威探讨，可参考奥尔多·布里格格利亚（Aldo Brigaglia）和希罗·希里博托（Ciro Ciliberto）的著作。

1949 年，塞韦里在一次在列日（Liège）举办的名为"意大利的代数几何：问题与方法（La géométrie algébrique italienne: sa rigueur, ses méthodes, ses problèmes）"的代数几何会议上提交了一篇文章。他在文章中说意大利的方法可以提供一个满意的证明。这里讲几个塞韦里曾经说过的两个例子。在文章一开头，他说："许多年以来，数学界的某一领域中存在一种说法，认为意大利的代数几何取得了丰硕的成果，但是还未达到必要的严谨性。"然后，他

---

[10]就是在这次研讨会上，塞韦里与安德鲁·韦伊进行了著名的交流探讨。

继续讨论"具体的严谨性"，也即意大利学派的严谨性；以及"形式上的严谨性"，也即安德鲁·韦伊（André Weil）和奥斯卡·扎里斯基的法裔美国学派的严谨性的概念。

他在后来的讨论中，探讨了一封来自"一位杰出的国外几何学家"（没有提及名字，但是几乎可以确定是奥斯卡·扎里斯基）的信，他说："就我个人而言，我认为我们的方法同样可以成为纯粹的代数方法。"这里所谓的"代数方法"，他似乎指的是法裔美国学派的证明方法。对于"形式证明"派的回复，可以参见克劳德·谢瓦莱（Claude Chevalley）发表在《数学评论》上的非常有趣的评论性文章。

准确地说，塞韦里也许比同时期的其他大多数数学家陈述了更多真正的定理（其证明以现代标准衡量是"不能修补的"），或者是需要经过修改才能为真的"几乎为真"的定理，或者是那些错误的"定理"。然而，总结一下他在这一方面的成功和失误也许又是另一个值得书写的故事了。

塞韦里在代数几何中的贡献

基定理（Theorem of the Base）。塞韦里最杰出的成就是他在早期证明的基定理（Theorem of the Base），现在称为内龙–塞韦里（Néron–Severi）定理。

它是 20 世纪早期复数域 C 上代数几何的主要成果之一，这篇文章被马克思·诺特（Max Noether）发表在《数学年刊》上。这个定理说的是，与复数域 C 上的一个代数曲面相关的一类重要的阿贝尔群 $\mathrm{NS}(F)$ 可以有限地生成。特别是，$\mathrm{NS}(F)$ 是 F 上的不可约曲面产生的自由群关于与零因子相等的因子子群的商。内龙（Néron）证明，这个定理对于任意域上的曲面都成立，这就是为什么他的名字属于这个定理的原因。

在 C 上的光滑曲面的基本定理的证明上的贡献。塞韦里和卡斯泰尔诺沃为 C 上的光滑曲面的基本定理的证明做出了相关并且重要的贡献，这个定理是 20 世纪早期代数几何中最美丽最深刻的结果之一。这个定理说的是与曲面 F 相关的两个明显不同的双有理不变量的等式：F 上的解析闭 1-形式（称为第一类皮卡（Picard）积分）的空间维数以及 F 的非正则 $q \equiv p_g - p_a$，其中 p_g 是几何亏格，p_a 是算术亏格。

数的守恒原理与枚举几何学。塞韦里在 1912 年对数的守恒原理的正当性做了全面深入的分析，这个原理是枚举几何学中一个非常重要的工具。然而，他是利用 1912 年时的基本语言和方法来做出这些的。该领域的进展需要一个更为凝练的基本语言，这些语言确实在接下来的十年中逐渐形成，并且在枚举几何学以及舒伯特（Schubert）的微积分（希尔伯特的第十五个问题）中起到了极大的推动作用。

代数闭链的有理等价以及 C 上光滑射影簇的相交理论。塞韦里的贡献包括深刻见解和重大失误两个方面：他首先介绍了代数闭链的有理等价概念，并且研究了它与代数闭链的相交之间的联系。开始时，他意识到了他在有理等价的定义以及其与代数闭链的相交理论之间的关系上出现的困难，因此，他继续修改他的定义。在 1954 年的国际数学家大会上，塞韦里展示了他的新理论，这个理论遭到了安德鲁·韦伊在研讨会上的批判。随后，范德瓦尔登（van der Waerden）[11] 在 1970 年表示了他对于塞韦里的定义和结果的满意，并且认为只需稍作修改就可以符合严谨性的现代标准。以"法国学派"的严谨语言叙述的有理等价的准确而令人满意的定义也被独立地给了出来。为了总结塞韦里在有理等价和相交理论中所做的贡献的意义，我们不得不提到威廉姆·富尔顿（William Fulton），他自己在这方面的权威著作中写道："如果遗忘塞韦里在这个领域的开创性工作，如果由于不完善以及一些错误就忽略掉塞韦里的工作，这将会是十分不幸的，而且后面的关于有理等价的文章也不会出现。"

墨索里尼和塞韦里（右）在罗马大学的数学图书馆，1939年

塞韦里猜想

除了已经证明的塞韦里提出来的定理外，他也提出了许多有趣的猜想，其中有些成立，而有一些则不然。以下这些猜想——其中一个成立，一个不成立——都出现在小平邦彦（Kodaira）和芒福德（Mumford）的两篇著名的文章里。

---

[11]塞韦里和范德瓦尔登多年以来都保持着交流，涉及代数几何的不同方面，包括有理等价。对于他们交往的一些描述可参见 Norbert Schappacher 的文章。

猜想 1. 令 V 是一个 n 维的光滑不可约射影簇。塞韦里猜想

$$p_a = g_n - g_{n-1} + g_{n-2} - \cdots + (-1)^{n-1} g_1,$$

其中 p_a 是 V 的算术亏格，g_j 是 V 上的全纯 j-型向量空间的维数。这一猜想已经被小平邦彦在 1954 年证明。

芒福德证明了以下的塞韦里猜想不成立。

猜想 2. 令 F 是 C 上的一个光滑曲面，则模有理等价关系的零循环群是有限维的。

讽刺的是，芒福德反证这个猜想所使用的方法几乎完全都是采用的塞韦里的等价系。

对于这个猜想的经典讨论以及塞韦里做出的其他相关论题的情况可参见奥尔多·布里格格利亚（Aldo Brigaglia）、希罗·希里博托（Ciro Ciliberto）和克劳迪奥·佩德里尼（Claudio Pedrini）的文章。有趣的是，他们从塞韦里在 1932 年的有理等价理论开始介绍他的工作来证实这与他的研究动机有关，这也是目前代数几何中的一个有趣的研究课题。

编者按：本文译自 Judith Goodstein and Donald Babbitt. A Fresh Look at Francesco Severi. *Notices of the AMS*, 2012, 59(8): 1064−1075. 内容略有删改。

埃里克·坦普尔·贝尔
与加州理工学院的数学*

Judith Goodstein, Donald Babbitt
译者：胡俊美

埃里克·坦普尔·贝尔（Eric Temple Bell，1883—1960）是数论学家、科幻小说家（以 John Taine 为笔名），对许多事情都有深刻的见解，1926 年秋天，他到加州理工学院任数学教授。43 岁时，"他已成为数学界炙手可热的人物"[Rei 01]；曾在华盛顿大学任教 14 年，同时还在哈佛大学和芝加哥大学任教，深受敬重。在来到帕萨迪纳（Pasadena，加州理工学院所在城市——译注）的之前两年，他因在《美国数学会汇刊》（*Transactions*）上发表的杰出数学工作获得美国数学会颁发的令人垂涎的博谢（Bôcher）奖[1]。毫无悬念，贝尔很快当选为美国国家科学院院士。

埃里克·坦普尔·贝尔，摄于 1951 年左右

罗伯特·密立根（Robert A. Millikan）是著名实验物理学家，一直致力于把一所普通的技术学校转变成全国最著名的科研机构之一。受密立根的吸引，贝尔来到帕萨迪纳。加州理工学院成立于 1891 年，以其创建人慈善家阿莫斯·思鲁普（Amos G. Throop）命名，称为思鲁普大学（后更名为思鲁普工艺学院）。第一次世界大战末期，思鲁普大学发生了根本性的变革，到了 1921 年，它有了新的名称、慷慨的资金资助，并在密立根的影响下有了新的教育理念 [Goo 91]。

20 世纪 20 年代，加州理工学院开设纯粹数学高等学习与研究课程，试图吸引"数学专业的学生，……使他们注意到数学的现代应用"，并且承诺"通过不断增加对纯粹数学和应用数学都感兴趣且训练有素的教师数量，明确

*本文获得"国家自然科学基金"项目资助（项目编号：11501379）。

[1]贝尔在其长篇重要论文（"算术释义"（*Arithmetical Paraphrases*）I 和 II）中所发展的理论在数论中有许多应用。（与贝尔共获此殊荣的所罗门·莱夫谢茨（Solomon Lefschetz）的论文实质上给出了代数曲面的一种完全拓扑理论。）

提供这两个领域之间的联系"[CIT 28]。事实上，加州理工学院的数学物理系在当时可能是全国最好的。从密立根一开始就决定在加州理工学院大力推广数学课来看，即便他没有亲自设定课程，也肯定把数学在其他领域的应用作为一个重要考虑因素。

在贝尔来到加州理工学院之前，数学系的教师有威廉·伯奇比（William Birchby）、哈里·巴斯柯克（Harry Van Buskirk）、卢瑟·威尔（Luther Wear）和哈里·贝特曼（Harry Bateman），他们都是思鲁普大学时期的教师，基本从事教学而不做科研。威尔尽管有约翰·霍普金斯大学的数学博士学位，但他主要讲授一些更高等的课程，没有从事研究工作。英国数学物理学家贝特曼是唯一具有高标准学历证书的人，他从剑桥大学（1903 年获学士学位；1905 年获史密斯奖；1906 年获硕士学位）毕业后，在哥廷根和巴黎学习，后来在利物浦（Liverpool）大学和曼彻斯特大学任教，直到 1910 年移居美国。像威尔一样，他获得霍普金斯大学博士学位（1913）。

1917 年，思鲁普工艺学院聘请贝特曼担任航空研究和数学物理教授。作为一位数学家，在那时他已经创造了一项给人深刻印象的纪录：发表内容从几何学到地震波的大约 70 篇科学论文，做了一个关于积分方程理论与历史的英国协会报告，由剑桥大学出版一部关于麦克斯韦方程的专著，还写了一本微分方程教科书[2]。为了糊口，他除了为国家标准局讲课外还给气象局写评论文章。在思鲁普，学院放手让贝特曼发展航空理论工作，提议在在建校园的一个小型风洞内开展实验工作，并开设几门高等课程。他讲授空气动力学和相关学科，包括螺旋桨理论、高空气象学及弹性力学 [Gre-Goo 84][3]。贝特曼的强项不是工程师西奥多·冯·卡门（Theodore von Kármán）那种"应用数学"；卡门出生于匈牙利，是加州理工学院古根海姆（Guggenheim）航空实验室的第一任负责人，后来他成功地用这种数学解决航空业中的问题。1924 年，理论物理学家保罗·埃伦费斯特（Paul Ehrenfest）在帕萨迪纳给妻子的信中写道，他惊叹于贝特曼离奇的数学能力，但并不认为这位数学家掌握了潜藏在数学计算之下的物理学。他曾与贝特曼就贝特曼数学物理方面的几篇论文展开讨论，他这样写道："有几个问题经过了半小时的讨论之后，我很难看到贝特曼做了什么工作或者还有什么工作没有完成。他是一个很有趣的家伙······ 可以进行惊人的计算，也就是说，他有'计算直觉'，但只能无奈地

---

[2]剑桥大学还在 1932 年出版了贝特曼的鸿篇巨著《数学物理的偏微分方程》，现仍供应按需印刷的平装本。

[3]除了分析中的各种课题外，贝特曼还研究物理学中的"经典"领域（电动力学、相对论和流体力学），此外还讲授向量分析、位势理论、超越函数、流体力学和积分方程——这些是当时每个年轻的经典理论学家希望了解的内容。他在 1918—1928 年间发表的文章绝大多数涉及电磁理论，它们后来引起了麻省理工学院的数学物理学家和博学者埃德温·比德韦尔·威尔逊（Edwin Bidwell Wilson）的注意，他说贝特曼"可能是当时该领域最具影响力的、最坚定的数学家"[Wil 27]。

在计算的火山中跳跃，他没有物理直觉。"[Ehr 24]

　　既然矩阵已经广泛应用于物理学，而且最近创立的矩阵力学成为阐述量子理论的重要工具，密立根显然向贝尔暗示过他可能要在加州理工学院发展纯粹数学，但贝尔在来到这所学院之前就意识到密立根所谓的"转变"是一种妄想。正如他向在哈佛遇到的求职的数学博士后亚里士多德·迈克尔（Aristotle Michal）所说，"我们的首要工作是使密立根转向纯粹数学——他认为他已经完成了转向，但事实上连一半都没有完成。"[Bel 26a] 在给哈佛数学家乔治·伯克霍夫（George Birkhoff）的一封信中，他指出加州理工学院的明星是理论物理学家和量子理论专家保罗·爱泼斯坦（Paul Epstein）、享有多项科学桂冠的"不知疲倦"的贝特曼以及"误入化学的数学家"理查德·蔡斯·托尔曼（Richard Chace Tolman）[Bel 26b]。

加州理工学院数学系全体教职员及兼职研究生，摄于 1932 年。前排左起依次为迈克尔，贝特曼，贝尔和巴斯柯克；后排依次为伯奇比，詹姆斯·韦兰（James H. Wayland），卡尔顿·沃斯（Carlton C. Worth），外尔，罗伯特·马丁（Robert S. Martin），[不知姓名] 和劳伦斯·博茨福德（J. Lawrence Botsford）

　　总之，贝尔深知纯粹数学在加州理工学院处于次要地位，他希望密立根能够扭转这种局面。他告诉迈克尔，"按照我的思维方式，帕萨迪纳是美国最有可能发生这种转变的地方。"[Bel 26b] 在同一封信中，贝尔讲到，加州理工学院应该"建立一个图书馆，并说服密立根招聘几个优秀的年轻人，以便这里的（纯粹）数学像应用数学一样强大。"据贝尔所言，密立根放手"让我解决自己的问题"，因为他认为贝尔是为了"帮助数学物理的发展"，但贝尔认为这项任务由他在华盛顿大学的学生霍华德·博西·罗伯逊（Howard Percy

Robertson）完成更合适。

贝尔有持乐观态度的理由。在第一次世界大战结束后的十年中，纯粹数学在美国已发展成一个活跃的、日益壮大的学科。从 1915 年在华盛顿一直到 1926 年，他发表论文 68 篇。对于十年来说，这是很大一个数字（但考虑到即便不把以泰纳为笔名的小说计算在内，他一生还发表 300 多篇论文和著作，这个数字就显得小了），当时恐怕只有在芝加哥从事代数与数论研究的伦纳德·迪克森（Leonard Dickson）的论著数量能够与之匹敌。然而，聘用贝尔之前，密立根曾考察过迪克森、伯克霍夫和普林斯顿大学的奥斯瓦尔德·维布伦（Oswald Veblen）——他们都是富有研究精神的数学家，把芝加哥大学、哈佛大学和普林斯顿大学发展成重要的数学中心，名扬国际。在密立根看来，更重要的是，这三位数学家都是美国国家科学院有着良好声誉的院士。1924 年 12 月下旬，密立根在给维布伦的信中这样写道："从物理和数学物理角度来看，我们有一定的信心说自己相当胜任加州理工学院的工作，但从数学角度来看，我深刻意识到自己的不足。"[Rei 93] 密立根从一开始就坚持只邀请具有科学院水平的科学家到帕萨迪纳工作，这有助于说明最近遴选的诺贝尔奖得主问及的贝尔能够当选为国家科学院院士的原因。

维布伦只是主动说，迪克森非常器重贝尔的工作。第一任博谢奖得主伯克霍夫则对贝尔的专业（"他是数论领域的一位伟人"）和论著数量（"非常多产"）给出了高度评价，但是他怀疑贝尔论文的长长列表是否能说明所有问题（"从专业以外的论文来看，贝尔工作的档次并不总是很高"）[Bir 25]。然而，迪克森大力赞扬贝尔，称他是"在基础学科的高等研究领域中具有卓越才能的第一流数学家……"，"他非凡的创造力和在基础研究工作上取得的成功深深打动了我。"[Dic 25] 他预测，贝尔将在贝特曼之前当选为科学院院士，事实证明，他是对的：贝尔于 1927 年当选为院士；贝特曼在成为伦敦皇家协会会员两年后，即 1930 年当选为院士。迪克森补充说，如果密立根想要聘用贝尔，"你很难找到一个更优秀的人"，他提醒说芝加哥大学也看中了贝尔。如果没有 5000 美元或更多的年薪，这位西雅图数学家不可能离开西北太平洋；对出了名的吝啬鬼密立根来说，他只能把这个数字记在心里以供将来参考。

正如迪克森指出的，贝尔并不缺乏学术上的追求者。因与他人共获博谢奖，贝尔于 1925 年夏天和秋季学期分别在芝加哥大学和哈佛大学讲授自己做出的数学工作。在芝加哥大学热情聘请他的同时，他还担任了密歇根大学、布林茅尔（Bryn Mawr）学院和哥伦比亚大学的教授。1926 年初，在加州理工学院执行委员讨论是否必须扩大数学系之后，密立根决定除了劫持绑架外，要不惜一切代价争取到贝尔。贝尔反过来报出哥伦比亚大学给他的 7500 美元的诱人年薪，以确保密立根能马上做出回应。一个月内，他和密立根达成了年薪 6000 美元的协议。

罗伯逊的朋友们在雅典娜神庙台阶上的合影，摄于 1936 年。站着的人左起依次为维吉尼亚·托马斯（Virginia Thomas）、特雷西·托马斯（Tracy Thomas）、罗伯逊、埃塞尔·贝特曼（Ethel Bateman）、比铂·冯·卡门（Pipo von Kármán）、安格斯·泰勒（Angus Taylor）、帕奇·泰勒（Patsy Taylor）、托比·贝尔（Toby Bell）、贝尔、玛丽·鲍恩（Mary Bowen）和迈克尔。坐着的左起依次为黑尔兹·梅伯恩（Hazel Mewborn）和鲁戴·迈克尔（Luddye Michal）。

西海岸的数学

或许是因为当时加州理工学院已经在科学界具有一定声望，或许是因为它坐落在西海岸，贝尔接受了密立根的邀请。1904 年，贝尔获得斯坦福大学数学学士学位，1908 年获得华盛顿大学数学硕士学位。（1912 年）他取得哥伦比亚大学博士学位，但在提交博士论文之前他就签约在西北太平洋任教。他喜欢说经济还不发达的西海岸有潜力建设的和东海岸一样好。贝尔没有选择其他院校而选择加州理工学院，在一定程度上就证明了这一点。贝尔反对哈佛那样沉闷的教学传统；事实上，他后来至少和一个年轻的同事说过，即便华盛顿比"某一微不足道的东部大学"要好，但"东部地区"不是"整个奶酪"[Bel 26c]，在西部，人们至少能呼吸到新鲜的空气。

贝尔对远西（the Far West）的拥护反映出与美国数学的发展相伴随的区域派性主义。事实证明，他的直觉是正确的：20 世纪二三十年代，西海岸的数学开始繁荣起来。1924 年，美国数学协会（由区域派性主义产生的一个组织）第一任会长赫德里克（E. R. Hedrick）离开密苏里（Missouri）大学，任加州大学洛杉矶分校数学系主任，使之成为加利福尼亚南部一个全新的数学系。赫德里克是一个有能力的管理者，任职期间该校数学得到了很大改善。20 世纪 30 年代，德国难民马克斯·佐恩（Max Zorn）、安格斯·泰勒和特雷西·托马斯相继来到这里，托马斯是维布伦在普林斯顿大学最优秀的微分几何学生。加州大学伯克利（Berkeley）分校的崛起是一个更为成功的事例。1934 年，曾在得克萨斯州莱斯（Rice）大学开创数学研究的格里菲斯·埃文斯（Griffith C. Evans）任加州大学伯克利分校数学系主任。在埃文斯的领导下，这里的数学系堪与哈佛大学、芝加哥大学和普林斯顿大学的数学系相媲美。埃文斯聘请了许多一流数学家，如美籍波兰数理统计学家耶日·奈曼（Jerzy Neyman）。同样，20 世纪 30 年代，斯坦福大学的数学系也随着匈牙利难民加博尔·舍贵（Gábor Szegö）和乔治·波利亚（George Pólya）的到来而崛起。

　　与大多数美国高等学府不同，加州理工学院缺乏传统的系别和系主任。贝尔隶属于密立根主管的物理、数学和电气工程部，负责数学方面的研究生工作。数学家们都希望他能带头与密立根交涉，为数学说话。贝尔计划在帕萨迪纳建立数学系，聘请罗伯逊（不久他将结束在德国两年的研究员职位以及在普林斯顿一年的研究员职位）和迈克尔来这里任教。迈克尔是弗雷德霍姆（Fredholm）－沃尔泰拉（Volterra）积分变换的专家，弗雷歇（Fréchet）－加特奥克斯（Gâteaux）－沃尔泰拉定理推广了微分形式。贝尔向迈克尔讲道："我先争取罗伯逊（密立根想让他到这里来），然后就是你，你们之间不会有冲突，他主要是一位应用数学家。" [Bel 26b] 贝尔"挖"（贝尔所说）罗伯逊过来就要让他讲授应用数学。他离开西雅图前向罗伯逊写道："我有好多自己真正想要做的事情，没有时间专门研究数学物理。比如，我最近在'广义算术'（general arithmetic）中开辟了一个全新的领域，有数百件事情要做，如果一个人能带许多优秀学生一起做这项工作，肯定可以完成得非常出色。" [Bel 26c] 1929 年，迈克尔与加州理工学院签署了聘任协议，而大约在二十多年后罗伯逊才来到这里。

　　二战期间加州理工学院数学故事的特点是，贝尔周围一小群数学家之间的攻击与对抗。迈克尔和贝尔之间的关系最终走向叫嚣与谩骂。[4] 迈克尔好像招收的研究生最多，这让贝尔非常沮丧。更重要的是，贝尔与罗伯逊之间还存在爱恨关系。罗伯逊的一个老朋友兼同事伯克利数学家亚伯拉罕·哈斯尔克·陶布（Abraham Haskel Taub）分析说："贝尔和罗伯逊都是个性很强的人。贝尔既向罗伯逊传授知识，又从他那里学习知识，有时也开玩笑或者认真地与他争吵，但他们都非常尊重对方。" [Tau 62]

---

[4]20 世纪 30 年代迈克尔的一个主要目标是把有限维流形上的分析与几何推广到抽象的无限维流形上去，尽管看起来还有好多新的深刻定理没有得到证明。当时包括贝尔在内的其他数学家认为这种抽象纯粹是为了抽象而已，没有任何意义。然后，这些课题随后成为纯粹和应用数学中非常重要且活跃的研究领域。

一个名叫罗伯逊的孩子

故事始于 1922 年，当时贝尔在华盛顿大学讲授一门力学课程，班上有个"叫罗伯逊的孩子"总是轻松地就完成作业。哈罗德·霍特林（Harold Hotelling）是贝尔以前的学生，后来成为杰出的统计学家，贝尔在给他的信中惊讶地讲道："他到上个月才只有 19 岁，却非常迅速地完成了最困难的问题和理论。即使是用拉格朗日方程来解决的那些问题中的复杂环节也丝毫难不倒他 …… 罗伯逊是一件珍宝。"[Bel 22]

贝尔将罗伯逊护在自己的羽翼之下，这让华盛顿保守的数学家大为惊愕，他们认为研究工作并不是与好的教学密不可分。此外，贝尔培养罗伯逊对相对论的兴趣。贝尔在华盛顿大学数学系讲授相对论，罗伯逊在大四时选修了这门课程。贝尔还说服罗伯逊在华盛顿多留一年，以继续学习数学、电学、相对论，其中相对论的教科书为赫尔曼·外尔（Hermann Weyl）的《空间、时间和物质》（*Raum-Zeit-Materie*）。1922 年贝尔向霍特林透露说："如果我再年轻 15 岁，我就去学相对论；就现状看，我舍不得放弃花了那么长时间才学到的详尽的数论知识。"[Bel 22]

然而，罗伯逊踏入了相对论的研究之旅，义无反顾。1922 年和 1923 年他先后获得华盛顿大学的学士和硕士学位，1923 年秋天，在贝尔的推荐下他考入加州理工学院攻读博士学位。当时这里至少有三位科学家对相对论感兴趣：一个是托尔曼，他尤其关心相对论在宇宙学中的应用；一个是研究更富技巧性数学问题的贝特曼；还有一个就是加州理工学院唯一的理论物理学家爱泼斯坦。加州理工学院每周进行一次物理学研究会议，在 1923 年末的一次会议上，罗伯逊做了一个相对论方面的报告，指出正是贝尔点燃了他对相对论的研究热情。在场的密立根和爱泼斯坦过后对罗伯逊做出的精彩报告表示祝贺；罗伯逊通过高度评价贝尔巧妙地回避着这些赞赏。密立根把贝尔的名字抹去了。后来贝尔写信给罗伯逊，"感谢你对我的夸奖，我知道他们想要什么，他们已经得到了他——贝特曼"。贝尔还准备打包袱向南挺近。正如他最后告诉罗伯逊的，"我将把左脚踏入加利福尼亚，去找一份工作"。

在贝尔设法将双脚都踏入南方之前，罗伯逊获得了加州理工学院的博士学位，他主修的是数学物理，兼修数学。他从访问科学家埃伦费斯特（Ehrenfest）和威廉·比耶克内斯（Vilhelm Bjerknes）那里学会了量子力学、物理流体力学；从爱泼斯坦那里学会了统计力学、电磁学和高等动力学；他还在贝特曼的指导下学习了各种其他科目，包括矢量分析、位势理论、超越函数和积分方程。1925 年，他在贝特曼的指导下完成了关于相对论的博士学位论文，题目为"包含一个共形欧几里得 3 维空间的动力时空"（On dynamical spacetimes which contain a conformal Euclidean 3-space）。随后，罗伯逊横渡大西洋，作为国家研究理事会成员在德国学习一年数学，之后又续签一年，而且有望在哈佛或普林斯顿再做一年研究员。罗伯逊谈到从 1928 年开始就一直留在帕萨迪纳，在 1927 年春天写给亲戚的信中，他指出，"但这个问题还没有解决，我打算到其他大学应聘数学或数学物理的助理教授，尽管我们倾向于去帕萨迪纳，但或许去一个这样的学校对我们更有利。"[Abe 27] 正如他在一个短篇自传中回忆的那样，到这时"我发现自己对物理应用的兴趣要高于对数学本身的兴趣"[Rob 51a]。

1927 年 6 月，密立根写信给罗伯逊，邀请他 1928 年 9 月过来担任数理系助理教授，而在此之前该职位一直处于空缺状态。罗伯逊尽管当时还在德国，而且希望能继续在普林斯顿做国家研究委员会研究员，但他对这次邀请感到非常高兴，马上回信表示愿意接受这份工作。从那时起，贝尔开始激励他以前的这位学生快发、多发研究成果。

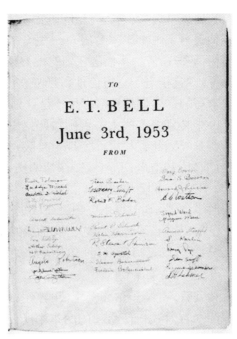

贝尔 1953 年退休礼物上献礼人的名单。30 多个朋友和同事在丢番图（Diophantus）《算术》（Arithmetica）1670 年版本的扉页上签名，其中包括促成这次图书交易的传奇的洛杉矶珍本经销商杰克·蔡特林（Jake Zeitlin）

没有证据表明罗伯逊想方设法地去关注谁是校园里的领头羊，但从这种告诫来看，贝尔可能对此非常在乎，在任何情况下他好像总是喜欢教导罗伯逊把自己的工作整理出来并提交发表。"密立根和许多人都在盯着看你是否能做它 …… 如果不是从上帝而是从你本身的利益来看，做好它，并且马上就去做。"[Bel 28]

1928 年春天，罗伯逊问密立根，他能否在普林斯顿大学多留一年，因为德国数学家赫尔曼·外尔要去那里。这看来是一个不容错过的绝好机会，特别是外尔的相对论著作在罗伯逊大学本科的教育中产生了重要影响。密立根答应了他的请求，不久，他着手把外尔的关于群论与量子力学的名著 [Wey 31] 翻译成英文。1928 年秋末，加州理工学院官方授权贝尔去与在俄亥俄州立大学任教的迈克尔协商聘请事宜。迈克尔从家乡士麦那（Smyrna）移居美国读中学，随后在克拉克（Clark）大学读本科，在莱斯大学读研究生，在埃文斯

的指导下获得博士学位。（与贝尔协商时）迈克尔故意装出不愿合作，但是在
1929 年 3 月——经过四个月以及一系列关于薪酬讨论的信件之后——他发
电报说接受 4500 美元的薪水和副教授职务，1930 年 9 月上岗。同时，罗伯
逊也有望在那年秋年到帕萨纳迪任教。但随后事情发生了意想不到的变化。

与罗伯逊的冲突

3 月 20 日，收到迈克尔的电报一天之后，贝尔一反常态地给在普林斯顿
的罗伯逊写了封冷冰冰的信——完全失去平常朋友通信的友好格调，有时甚
至是粗话——暗示罗伯逊在别的地方任教可能比在加州理工学院更好。贝尔
解释说：“这相当于官方信件，是密立根博士和 [密立根的助手欧内斯特·] 沃
森要求写的，他们想知道你是不是计划明年肯定来这里……你知道，除非
你是一个特别多产的人，否则按照这里的规章制度，你在职称和薪水上不会
有所晋升。因此，如果你发现更具吸引力的工作，请尽快通知我。到 4 月 1
日我们必须知道确切消息。”在信的结尾，他尽管写道：“我个人希望你能接
受这一工作，并坚持到底”，但再次强调“对于并不多产的数学家这里绝对没
有任何机会。”[Bel 29a] 罗伯逊在 4 月 1 日的电报中对密立根说，“在目前情
况下”他觉得必须解除聘约。罗伯逊的女儿玛丽埃塔·费伊（Marietta Fay）
回忆说，“我的父母都被贝尔的信深深地伤害了，他们一直没有原谅他。”[Rei
93]

几天后，在给贝尔和密立根的信中，罗伯逊解释说，他得到的印象是，“加
州理工学院对我自任命起的两年中所做出的工作并不满意。”[Rob 29a] 4 月
20 日，贝尔回信说，他想知道是否他们还能无话不谈，并说他认为罗伯逊
“拒绝加州理工学院的邀请，犯了人生中的一个错误”。作为“最后的临别忠
告”，他警告罗伯逊“使自己忙起来，向世界展现你正在做的事情”，同时坚持
认为在导致罗伯逊辞职的因素中，他“个人应该承担全部责任”[Bel 29b]。罗
伯逊说他们之间没有芥蒂，但是由于贝尔一年间对他态度的明显改变以及在
他看来加州理工学院认为他不是多产者，他别无选择，只能辞职；这是“要
做的唯一有自尊心的事情”[Rob 29b]。

第二年，罗伯逊的母亲到帕萨迪纳拜访了贝尔和他的妻子托比（Toby），
她对这个离奇的故事给出了自己的看法。正如在给儿子和儿媳妇的信中写到
的那样，在她看来，贝尔在对儿子赞赏的同时还因托尔曼和普林斯顿数学家
对儿子的尊重而感到嫉妒 [A M Rob 30]。

实际上，罗伯逊是否“不多产”？根据他的文献目录，1924 到 1929 年间
他发表了从微分几何、量子理论到相对论宇宙学的论文 11 篇，其中 1929 年
发表在《物理评论》（*Physical Review*）中关于不确定性原理的论文至今仍是

他的被引用最多的论文之一 [Rob 29c]。不可否认，与贝尔在其职业生涯的前六年就发表 29 篇论文相比，11 篇并不是一个很大的数字。贝尔重视表现技巧、可见度和知名度，这或许能够说明为什么他一直告诉罗伯逊要迅速地零零碎碎发表自己的工作，而不必等到把所有的东西都放到一起再发表。贝尔声称，美国数学界可能怎么都不能理解。贝尔不断劝告罗伯逊要千方百计使自己不断前进——比如把其他院校提供的职务都列出来，那样会给密立根留下深刻印象，因为他"就害怕发生这类事情" [Bel 28]。贝尔担心罗伯逊最后会像踌躇的贝特曼，他认为贝特曼关于狭义相对论某些问题的优先权没有得到赏识 [Bel 24]。然而罗伯逊的强硬态度表明他根本不喜欢别的数学家告诉自己该做什么。

罗伯逊拒绝加州理工学院的邀请之后，普林斯顿大学数学系给他提供了一个职位，但他没接受，他想要类似于在加州理工学院的那样一个职位，这样就能既讲授数学又讲授物理。普林斯顿大学安排他做数学物理助理教授，相当于在两个系都有一个席位，他接受了，但后来发誓再也不会出现这种情况 [Rob 51a]。除了 1935—1936 年公休假（他去了帕萨迪纳"先前不慎言行的现场"[Rob 35a]）外，他一直在普林斯顿大学做学术研究，直到 1947 年彻底返回加州理工学院。罗伯逊在普林斯顿任职期间声望与日俱增，成为美国研究广义相对论的举足轻重的人物之一。因此当回到加州理工学院时，他完全按照自己的主张去办事。正如他后来回忆时所说，"我已经受够了

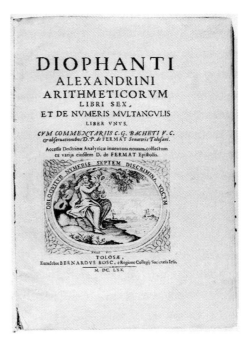

贝尔得到的那本《算术》的扉页。1670 年的版本包含费马（Fermat）的一个声明：他证明了所谓的费马大定理，但由于页边太小，写不下他的工作。贝尔对丢番图方程的长期研究兴趣为他日后出版费马大定理的著作打下了基础。1961 年，《大问题》（*The Last Problem*）一书于他死后出版

参加两系会议以及数学家们智力上的傲慢，学院让自己去选择，我决定到物理系任职。" [Rob 51a]

贝尔一直没有放弃激励他的保护人更频繁地发表自己的工作。1931 年冬天，他写信给维布伦："如果你碰巧想起来的话，愿意提醒罗伯逊整理发表他在数学物理方面的一些工作吗？看现在，别人在他眼皮底下轻易地就得到

了一些结果。"[Bel 31a] 即便罗伯逊于 1951 年当选为国家科学院院士，贝尔也要借题发挥。贝尔在给罗伯逊的信中写道："这是多年前就应该发生的事，主要是由于你自己的过错，因为你跨在两门科学的界栏上，同伴们不知道你到底属于哪边。"[Bel 51] 罗伯逊对于这种机巧讽喻并不陌生，他友好地回复说："非常感谢您的祝贺 …… 您把这份迟到的荣誉归因于我跨坐界栏上，让一株兰花悬挂其两边；我要说的是，等它们枯萎和凋谢之后，我才成熟到能获得这份荣誉。"[Rob 51b]

培养下一代

摩根·沃德（Morgan Ward）是贝尔的第一个研究生，他获得加州大学伯克利分校的学士学位后，于 1924 年考入加州理工学院（他是那里仅有的 48 名研究生之一）。1928 年，他完成关于广义算术基础的博士论文[5]，取得最高荣誉学位，成为加州理工学院的第一个数学博士，接着被任命为研究员。正如加州理工学院的物理和化学一样，数学也是在 20 世纪 20 年代才招收自己的学生。1929 年沃德成为数学系的数学助理教授，除了 1934—1935 年在普林斯顿度过一年外，他一直留在加州理工学院，直到 1963 年去世。他的研究兴趣非常广泛，包括循环级数、丢番图方程、抽象算术、格论[6]、泛函方程以及数值分析。1930—1931 学年，国家研究委员会研究员德里克·莱梅（Derrick H. Lehmer）在加州理工学院与沃德相识，据他所说，与贝尔一样，沃德对数论有着浓厚的兴趣，"藐视把伟大的经典数学思想一味地进行大力一般化的人"。[Leh 93]

1929 年经济大萧条的到来，使贝尔多少有些沮丧。1931 年维布伦在一封信中表示，他想应邀到帕萨迪纳（当时艾伯特·爱因斯坦（Albert Einstein）住在这里）访问，贝尔回信说：

> 恐怕这是不可能的，财政紧缩使我们深受打击。数学家们没有资金来支付外面的报告人，我们那次支付给报告人哈拉尔德·波尔（Harald Bohr）的钱就是从物理学家的宴会中省下来的一部分 …… 我今年将引进一位新人，但现在资金都没有到位。过去他们常常支付参加重要会议的火车票；今年也没有了，因此我

---

[5]以下是沃德论文的观点："我们现在已经达到了逻辑上的顶峰。在第一部分中，对类的概念以及一种二元运算进行了认真审查，为了达到广义算术的（所有的类都是可数的）目标，不失一般性，我们可以假设类是有序的或者是可以用数 1，2，3，… 来代替，因此我们就"算术化了"克罗内克（Kronecker）意义下的广义算术。"http://resolver.caltech.edu/caltechETD: etd-03042005-135853.

[6]沃德在当时（以及现在）最重要的美国数学杂志——《数学年刊》上发表有关这些课题的 18 篇论文。

不得不自费去新奥尔良。然而，经济大萧条不可能永远持续下去。

[Bel 31b]

事实上，这种萧条状态持续了很长时间，直到 20 世纪 40 年代初，数学系才开始引进新人。

然而，沃德在普林斯顿大学私下对罗伯逊说，他对自己在加州理工学院的境况并不十分满意。罗伯逊在给得克萨斯大学范迪维尔（H. S. Vandiver）的一封信中说，沃德"非常想要一个改变现状的机会，当然这得非常秘密地进行"。[Rob 35b] 同一天，他又写信给伯克利的罗伯特·奥本海默（J. Robert Oppenheimer），"写这封信的目的就是想知道，你是否或者曾多少注意过埃文斯以及数学系其他有影响的人物。因为如果你注意过，会发现他们很可能感兴趣知道······摩根·沃德一直对伯克利情有独钟······今年我对沃德有了更深的了解，有理由认为如果有改变的机会，他绝不反感。"[Rob 35c] 事实上，沃德回来之后不久就获得晋升和加薪，促使罗伯逊讲道："我推测是这些使得那里的状况发生了改变，不是吗？我必须说这件事增加了我对你们领导 [密立根] 的尊重。"[Rob 35d]

安格斯·泰勒是另一个大有前途的新星。泰勒是迈克尔的第一个学生，也是其最优秀的学生之一。20 世纪 30 年代，泰勒和加州理工学院的其他数学研究生很快走向研究前沿。泰勒已经了解复变函数论，因此没有学习贝特曼开设的以惠特克（Whittaker）和沃森（Watson）的《现代分析教程》（*A Course of Modern Analysis*）为蓝本的课程。（他后来回忆说，贝特曼是个"温和而亲切的人······独自在一个小领域内前行"[Tay 81]。）相反，他在迈克尔的指导下熟练掌握了勒贝格（Lebesgue）测度与积分、抽象空间与泛函分析理论以及黎曼（Riemannian）与非黎曼几何。泰勒回忆说："迈克尔讲了一些内容，但大部分都是学生自己报告的。"[Tay 81] 他还在贝尔的指导下学习了抽象代数，泰勒说，"贝尔不讲课，他让所有的学生告诉全班，书中讲了什么，所以全部内容都是学生自己报告的；贝尔进行点评并给出意见。"在美国数学协会的一篇回忆录中，泰勒这样描述贝尔，"他是一个非常刺激的人，喜欢表达强烈的意见，（但）我并不认为他花很长时间去准备课上要讲的内容。"[Tay 84] 有些课程没开出来，特别是关于组合拓扑和点集拓扑的，而当时普林斯顿、得克萨斯、弗吉尼亚和密歇根都开设了这些课。泰勒回忆道，"这里真的不存在一个行政意义上的数学系，而且没有多少课程计划，对研究生也几乎没有指导。"[Tay 81]

尽管如此，当在 1936 年初，维布伦向正在加州理工学院度学术休假的罗伯逊征求他对泰勒的看法时，后者回答说：

> 我知道泰勒相当不错，而且我确实认为他真的很不错······

但正如你现在可能已经知道的那样，美中不足的是：泰勒就在昨天接受了加州理工学院的讲师职位，并已撤回国家研究奖学金的申请。我为他这样做感到遗憾，因为我认为他可以通过与其他分析学派——特别是约翰·冯·诺伊曼（John von Neumann）的算子学派——相接触而获得更多利益。但是他现在似乎相当肯定自己留在这里给那帮臭小子上十二个小时的基础课是做得最正确的事情。[Rob 36]

维布伦拒绝了泰勒的决定，设法说服他接受国家研究委员会的奖学金去普林斯顿做博士后，在那里可以与萨洛蒙·博克纳（Salomon Bochner）一起工作。泰勒重新申请1938—1939年奖学金，随后出乎意料的是，他又接受了加州大学洛杉矶分校在那个学期的邀请。他渴望回到加利福尼亚，设法打探是否加州理工学院打算让他在1939年回来。他后来回忆说，"因此，在1938年四五月份，我对自己的未来还不太清楚；然后，意想不到的是，我得到贝尔传来的话，他催促我接受加州大学洛杉矶分校的职位。这表明了加州理工学院对我的态度——而我过去对此一直不能确定。在与普林斯顿的人讨论之后，我没有听从他们的建议，而是放弃了奖学金到加州大学洛杉矶分校任职。我从来没有后悔过这个决定。"[Tay 81] 由于摩根·沃德一直都希望泰勒能够回到帕萨迪纳，所以他责怪贝尔。他写信给罗伯逊说，泰勒本应该"做那些被迈克尔和贝尔成功避免的分内工作。"他补充说，贝尔"好像在和他作对，但我不知道其确切的原因——他好像前段时间对贝尔做出过错误评价，贝尔很在乎这件事。"[War 38]

1939年，沃德收到了约翰·霍普金斯大学的聘书，可能是因为对泰勒的事念念不忘，他问密立根，"我眼下的前景如何。"[War 39] 想到密立根可能正在考虑聘用一个助理教授，他不失时机地说他的学生罗伯特·迪尔沃斯（Robert Dilworth）的毕业论文研究了关于格的一种新的代数理论，而且刚刚在耶鲁大学获得著名的斯特灵（Sterling）奖学金。迪尔沃斯在耶鲁继续进行这项研究工作，并将其成果写进（与彼得·克劳利（Peter Crawley）合著）《格的代数理论》（*Algebraic Theory of Lattices*）中，1973年出版[7]。与此同时，贝尔对密立根说，如果霍普金斯想要聘请沃德，加州理工学院"应该竭尽所能使他觉得值得留在"帕萨迪纳[Bel 39]。次年，沃德晋升为教授。

二战期间，加州理工学院数学系迎来了首次实质性的变革，这场变革持续了十多年。1942年，学院需要一个新的数学助理教授来接替即将退休的范·巴斯柯克（Van Buskirk）。沃德以前的学生迪尔沃斯和迈克尔以前的学

---

[7]迪尔沃斯的一个学生阿尔弗雷德·哈尔斯（Alfred Hales）讲道："他还因组合学中的'迪尔沃斯定理'而著名，这个定理源于他在偏序集方面的工作。"[Hal 2012]

生安格斯·泰勒都是应聘人，要进行"内部"筛选。密立根向加州理工学院的几位物理学家征求意见。尽管光谱学家威廉·休斯顿（William Houston）怀疑密立根是否会把他们的意见作为两个数学家择一的标准，但他们向他保证迪尔沃斯的研究对物理学家具有更高的潜在价值。（"你说 [迪尔沃斯] 好像比其他数学家更倾向于数学应用，这让我相当吃惊"。[Hou 42]）多年之后，泰勒在写给朱迪斯·古德斯坦（Judith Goodstein，本文作者之一）的信中说，他知道，"贝尔和迈克尔在是否让我从普林斯顿回到加州理工学院的问题上有分歧……密立根把这点搞得非常清楚；在我看来，他感兴趣的只是我和迪尔沃斯哪个人更有益于给研究生或本科生上物理课，而根本就不在乎我们的学术研究潜力。"[Tay 91] 但泰勒并没有想到自己几年之后，会和迪尔沃斯一起成为学院的终身教职的候选人。泰勒后来对帕萨迪纳的数学史家约翰·格林伯格（John Greenberg）说："我那时（1942）无论如何也不会离开加州大学洛杉矶分校去加州理工学院。"[Tay 81]

密立根写信向迈克尔解释，为什么他任命迪尔沃斯而没有任命迈克尔以前的学生。他向迈克尔保证，"泰勒杰出的教学工作没有任何问题"，但同时提到迈克尔无法应对的一个问题，"如果把泰勒从加州大学洛杉矶分校拉到加州理工学院，可能会导致两所院校之间的不愉快。我们的校董认为不宜冒这种风险……因此决定明年秋年让迪尔沃斯到这里任教。当然关于最初的任命不存在什么永恒的东西。"[Mil 42] 1943 年，迪尔沃斯回到加州理工学院做助理教授，两年后晋升为副教授。在战争的最后一年，他担任英国第 8 航空队分析师。1951 年迪尔沃思成为正教授（格论领域的一个重要人物），在继续研究代数的同时，还涉猎其他领域，如概率论和统计学。

贝尔对形势的变化感到非常失望。如果密立根更想要一个应用数学家，罗伯逊就是一个人选。校园里的其他人，包括在帕萨迪纳休假期间向罗伯逊请教涡流问题的沃德和冯·卡门，也希望引进罗伯逊。但是，正如贝尔在给罗伯逊的信中所言，密立根不愿意"花费任何真金白银"。贝尔坦言："没有任何机会，即便有的话也要等密立根退休后出台更加开明的财政政策。"[Bell 42]

1945 年，罗伯特·密立根作为加州理工学院院长退休；次年，物理学家李·达布李奇（Lee A. DuBridge）成为学院院长。达布李奇上任不久就大幅加薪。贝尔最初的数学家团队也已成为历史：哈利·贝特曼于 1943 年成为美国数学会的吉布斯（Gibbs）讲师，三年后在赶赴纽约领取航空科学研究所颁发的大奖的途中去世[8]。1953 年，亚里士多德·迈克尔死于心脏病。同年，也

---

[8]根据贝特曼遗留下来的部分笔记，几年后在亚瑟·艾德义（Arthur Erdélyi）的指导以及三位研究伙伴——威廉·马格努斯（Wilhelm Magnus）、弗里茨·奥博海廷格（Fritz Oberhettinger）和弗朗西斯科·特里科米（Francesco G. Tricomi）——的帮助下，贝特曼手稿工程（Bateman Manuscript Project）开始展开，三大卷"高等超越函数"是其工作的顶峰，此外还有两卷"积分变换表"。

就是在来到帕萨迪纳 27 年后，贝尔从加州理工学院退休。1946 年，弗雷德里克·布纳布鲁斯特（H. Frederic Bohnenblust）到这里任数学教授，在他的卓越领导下，数学系由密立根在很大程度上所认为的服务部门转变成一流的研究团体。20 世纪 60 年代，应用数学成为加州理工学院的一个重要的学科。为了避免与纯粹数学家的摩擦，它作为隶属于加州理工学院土木工程部的一个研究机构。

贝尔的遗产

尽管贝尔是一位多产的小说家、诗人、科幻小说家（以约翰·泰纳为笔名），但无论在数学家还是在非数学家眼中，他都是真正的摇滚明星或者享有与之类似的荣誉。1937 年，贝尔的《数学精英》（*Men of Mathematics*）出版 [Bel 37]。直到今天，这部著作仍广泛流行；书中论述了许多伟大的数学家以及他们的数学，其中包括尼尔斯·亨里克·阿贝尔（Niels Henrik Abel）、卡尔·弗里德里希·高斯（Carl Friedrich Gauss）、大卫·希尔伯特（David Hilbert）以及伯恩哈德·黎曼（Bernhard Riemann），重点介绍出生于 18 世纪的数学家。继《数学精英》之后，1940 年麦格劳·希尔公司（McGraw-Hill）出版了他的《数学发展》（*Development of Mathematics*），5 年后又出现修订版 [Bel 45]。这部著作是对数学史的一个全面说明，记述了数学从古巴比伦、古埃及一直到 1945 年的发展历程。

只有具有一定数学素养的人才能完全理解《数学发展》。伯纳德·科恩（I. Bernard Cohen）是当时美国科学史的泰斗，他在 *Isis* 中发表评论文章，"在一定范围内，本书写的相当精彩；这个范围就是它的真正开始是 99 页第 7 章'现代数学的开始，1637—1687'，而前 98 页的许多内容本人都不敢苟同。" [Coh 41] 科恩的反对意见针对贝尔对花拉子米代数方法轻松自如的表述（"精神病医生可能说这是我行我素的死亡本能"），以及贝尔驳斥柏拉图诽谤者的"夸张手法"（"在过去 2300 年所经历的数学思想的所有改变中，最深刻的当属 20 世纪的信念，柏拉图的数学构想无论过去还是现在都是不切实际的空想，对任何人不可能有任何意义"）。与科恩一样，大多数评论员在对本书高度赞誉的同时都注意到了贝尔的异端态度。柯蒂斯（D. R. Curtiss）在《国际数学杂志》（*National Mathematics Magazine*）中写道；"在几页枯燥的论述之后，总要对人类的弱点给予尖刻的评论，有点冷幽默，有时半页或更多的内容是独裁者的数学工作以及如果可以的话哲学家和神学家将做什么。" [Cur 41] 鲁道夫·兰格（Rudolph Langer）在《科学》（*Science*）中评论这部著作时讲道，"整本书的论述都令人钦佩，本书文笔流畅，语言优美，而且经常用率直宜人的幽默来描述。" [Lan 41]

　　贝尔也有他的批评者，其中一些人指责他轻率。《数学精英》的评论员抱怨他为了写出更为丰富多彩的故事有牺牲历史真实性的倾向。最明显的例子是对埃瓦里斯特·伽罗瓦（Évariste Galois）生平的夸张记述，伽罗瓦20 岁时死于一场著名的决斗，他真的是在决斗的前一天晚上完整地创立了群论吗？按照托尼·罗斯曼（Tony Rothman）的说法并不是这样；罗曼斯在《天才与传记作者：伽罗瓦的小说化》（*Genius and Biographers: The Fictionalization of Evariste Galois*）[Rot 82] 中指责贝尔在虚构历史。基于对伽罗瓦的研究，罗斯曼说贝尔"有意或无意地看到了创造传奇人物的机会 …… 遗憾的是，如果这是贝尔有意而为之，他成功了"。现在的数学史家更是很少把他当成历史学家慷慨称赞。曾写过索尼娅·柯瓦列夫斯卡娅（Sonia Kovalevskaya）传的安·希布纳·科布利茨（Ann Hibner Koblitz）认为，"[贝尔] 很可能作为数学史的传奇制造者在将来的几代数学家中众所周知。在他看来数学家们在很大程度上要感谢他们前辈被扭曲的形象。"[Joc-Efr] 罗杰·库克（Roger Cooke）附和科布利茨的尖刻评论，他认为贝尔对科瓦列夫斯卡娅的处理方法是"令人愤恨的、傲慢的、充满讽刺的错误描述"[Joc-Efr]。不过，贝尔无疑是 20 世纪上半叶数论和组合领域最重要的美国数学家之一。（关于贝尔数学工作的另一个非学术性讨论请参阅林肯·德斯特（Lincoln K. Durst）在 [Rei 01] 中的有趣附录。）1921 年，他因在《美国数学会汇刊》发表的论文"算术释义"荣获博谢奖。算术释义是贝尔自己的思想 [Bel 21]，在数论应用中用来得到各种算术函数的大量恒等式。下面是算术释义原理的一个例子：假设存在整数 $n_1, a_1, b_1; \cdots; n_k, a_k, b_k$ 满足函数 $n_1 \sin(a_1 x + b_1 y) + \cdots + n_k \sin(a_k x + b_k y) = 0$，其中 x 和 y 为整数，则对任意含有两个整变量的奇函数 f，有 $n_1 f(a_1, b_1) + \cdots + n_k f(a_k, b_k) = 0$。若 f 是一个奇算术函数，那么上式是这个算术函数的一个恒等式。

　　1926 年，贝尔应邀到著名的美国数学会学术讨论会做报告，1927 年他的《代数算术》（*Algebraic Arithmetic*）在学术讨论会出版 [Bel 27b]。这卷著作以非常一般、抽象的方法推广了他的算术释义以及欧拉代数中的思想。迪克森在《美国数学会通报》（*Bulletin of the American Mathematical Society*）中评论道：

> 本书明显的原创性在于它对学习数学各个分支的高年级学生都有至关重要的作用，如数论、抽象代数、椭圆函数和 θ 函数、伯努利数和函数、数学基础，等等。评论者看来本书的一个主要特征是它为数论中每一个重要的问题，包括数论与代数和分析之间的关系，都系统地试图寻找一种统一的理论，并获得了成功。
> [Dic 30]

然而，想要理解《代数算术》，似乎绝大多数的数学家都会经历一段困难时期才能把它搞清楚，特别是贝尔有关"哑运算"（umbral calculus）的内容。迪克森很可能是理解本书数学内容的为数不多的人之一（也许是唯一的一个）。[9]

贝尔的主要贡献如下：

贝尔级数 [Bel 15]。它们是数论中重要的算术级数，阿波斯托尔在 [Apo 76] 中采用的也是这一名称。

《算术释义》[Bel 21]，贝尔因此项工作荣获博谢奖。

《欧拉代数》（*Euler Algebra*）[Bel 23]。粗略地讲，欧拉代数是由含一个变量的幂级数的柯西（Cauchy）代数 C 与狄利克雷（Dirichlet）级数的狄利克雷代数 D 产生的形式代数。它已成为生成函数理论中的一个重要工具。

《代数算术》[Bel 27b]。在这本书中，贝尔把释义理论和欧拉代数放到抽象背景中。其中包括对布利萨德（Blissard）经典哑运算的启发式的、难以理解的讨论。这部著作余下的部分也很难读懂。直到 20 世纪 70 年代贝尔的学生罗塔和其他人才对哑运算进行整理并严格化。参见 [R, K, & O 73]。

贝尔多项式 [Bel 34]。贝尔称其为指数多项式。尽管我们不知道它们首次被称为贝尔多项式的时间，但约翰·里奥丹（John Riordan）在 1958 年关于组合学的经典著作 [Rio 58] 中采用的就是这个名称。

贝尔数 [Bel 38]。贝尔称其为迭代指数整数，它们在划分理论（组合数学的其他领域）中非常重要 [Rot 64]。贝克尔（Becker）和里奥丹在 1948 年的 [B & R 48] 中也采用的这个名称。

附录

贝尔对组合数学的贡献

约翰·格林伯格（John Greenberg）[10]

> 作者注：贝尔最重要的数学贡献属于现在所谓的组合数学领域。下面是已故的约翰·格林伯格对贝尔在组合方面贡献的描述。1979 年，格林伯格在丹尼尔·西格尔（Daniel Siegel）的指导下

---

[9]贝尔把《代数算术》的个人副本送给了数论学家汤姆·阿波斯托尔（Tom M. Apostol），签名日期为 1927 年 12 月 12 日，1950 年，阿波斯托尔接替了贝尔在加州理工学院的职位。阿波斯托尔回忆和学生巴兹尔·戈登（Basil Gordon）讨论这本书的情形，"我们两人都认为理解不了这本书" [Apo 2012]。吉安·卡罗·罗塔（Gian-Carlo Rota）告诉康斯坦茨·里德（Constance Reid），他怀疑"是否有人从头到尾读过这本书" [Rei 93]。阿波斯托尔持有同样的看法。

[10]格林伯格跟随本文作者古德斯坦在加州理工学院档案馆做了 3 年（1981—1984）博士后。

获得威斯康星（Wisconsin）大学历史博士学位。本文将成为他未完成的加州理工学院数学系历史的一部分。

如果贝尔看到他对数学的真正影响（至少近期）所在，一定会非常吃惊。二战期间，随着数字计算机的发明，出现了人工智能。模拟中枢神经系统的网络研究有助于推动图论，更一般地说，推动战后组合理论的复兴。贝尔对指数、迭代指数、指数多项式、符号或"哑"算术的研究被大量引用在五六十年代的组合分析文献中。提到贝尔工作的重要数学家包括曾去过一次加州理工学院（1930）的国家研究委员会研究员伦纳德·卡利兹（Leonard Carlitz），还有贝尔实验室的里奥丹，他是美国人工智能的奠基人克劳德·香农（Claude Shannon）曾经的合作伙伴。在所有贡献中，贝尔使形式幂级数和生成函数发展成了获得递归关系的重要工具，这对以一种统一的方法来处理组合问题非常重要。源于某种计算问题的递归关系的解决可能是生成函数在组合理论中最常见、最基本和最初等的应用 [Tan 75]。

贝尔数和贝尔多项式在组合和概率问题中扮演着重要角色。（如贝尔在组合背景下使用的生成函数的影响可参看 [Rio 57] 和 [Rio 58]。）令两位数学家 [G & H 62] 感到奇怪的是，贝尔关于指数多项式的"经典论文"用了如此长的时间才以他们所想象的形式出现在后人的工作中。罗塔承认贝尔的指数在许多计数与概率问题中具有广泛应用 [Rot 64]。贝尔多项式也在众多组合和统计问题中发挥着重要作用 [Rio 58]。

后来罗塔尝试着去做贝尔在 1940 年没有做成的事情，即把"哑运算"或"符号运算"建立在严格的基础之上。罗塔的目标是更强地统一组合分析中的结果。作者说写这篇文章就像"用沙漠中几块烧焦的骨头来组装成一只恐龙"，他打算向他的前辈，如卡利兹和里奥丹，表示敬意，而不是贬低他们 [R, K, & O 73]。尽管贝尔与后来引用他文章的一些作者不同，他并没有为形式幂级数和生成函数的使用建立严格的基础，但也意识到了其中的困难，他的担忧引起了多个"贝尔问题"[Gou 74]。

尽管贝尔注意到他所关注的一些对象在"组合分析和别处有作用"[Bel 38]，我们也很难想象他不会惊讶于这是他最有影响的领域。作为一位数学史家，贝尔嘲笑 18 世纪末期德国的组合学派，冠之为"可笑的插曲"[Man 75]。他讥讽德国对二项式系数、多项式系数进行形式处理以及对无穷幂级数进行形式展开。对和贝尔本人一样精通组合艺术的人来说，这就像一个奇怪的诏书！"贝尔是一个根深蒂固的组合学家和数论学家，一个精通级数运算的人"[Gou 74]。具有讽刺意味的是，组合分析的复兴在很大程度上源于计算机的出现以及服务于计算机科学的大规模数学分支的创立，因为如果像贝尔所认为的那样，数学是凭自身魅力而存在的一门科学，那么他自己最有影响的工作却是为其他科学服务的。就算贝尔憎恶应用数学家，他还是不由自主地帮他们开辟了新的应用数学领域。他的老对头密立根肯定会笑破肚皮！对于科幻小说家贝尔笔下表现的所有洞察力、智慧与卓识来说，数学家贝尔无法预见到死后他的工作会在哪里大有用武之地。

参考文献

贝尔尽管详细描述了其他数学家的生平，却掩饰了自己传记的很多细节，还系统销毁了退休前的大多数专业信件。贝尔的朋友兼同事罗伯逊婉拒为他写国家科学院的传记回忆录。1993 年，康斯坦斯·里德的《探查贝尔——也以约翰·泰纳著称》(*The Search for E. T. Bell, Also Known as John Taine*) 出版，这是对在苏格兰出生的这位数学家的首次权威描述，贝尔隐藏了关于他家庭及在加利福尼亚州圣何塞市（San Jose）童年时的情况。里德的书读起来就像一个侦探故事，是任何研究贝尔的人的出发点。关于贝尔更丰富的资料信息以及他二战期间在加州理工学院的数学工作可见于罗伯逊的论文，现珍藏在加州理工学院档案馆，里德曾参阅过。然而这些材料都是分期给出，始于 1971 年（那时由档案保管员卡罗尔·法尔曼（Carol Finerman）开始整理），结束于 1998 年。继 1998 年最终的捐赠之后，欧文博士对整个收集工作进行整合、重置和表述。我们已经广泛使用了这些补充材料。

下列缩写含义：AM，亚里士多德·迈克尔的论文；RAM，罗伯特·安德鲁斯·密立根的论文；HPR，霍华德·博西·罗伯逊的论文，珍藏在加州理工学院档案馆；GB，乔治·伯克霍夫的论文，珍藏在哈佛大学档案馆；OV，奥斯瓦尔德·维布伦的论文，珍藏在美国国会图书馆。

[Abe 27] H. P. Robertson, letter to W. H. Abel, 5 March 1927 (HPR, box 1.1).

[A M Rob 30] Anna McLeod Robertson, letter to H. P. Robertson, 22 October 1930 (HPR, box 27.1).

[Apo 76] Tom M. Apostol, *Introduction to Analytic Number Theory* (New York: Springer Science & Business Media, 1976).

[Apo 2012] Tom M. Apostol, email of 19 August 2012 to J. R. Goodstein and D. G. Babbitt.

[B & R 48] H. W. Becker and John Riordan, The arithmetic of Bell and Sterling numbers, *Amer. J. Math.* 70: 385−394 (1948).

[Bel 15] E. T. Bell, An arithmetical theory of certain numerical functions, University of Washington Publications, Mathematical and Physical Sciences, 1: 1−44 (1915).

[Bel 21] E. T. Bell, Arithmetical paraphrases. I, II, *Trans. Amer. Math. Soc.* 22: 1−30, 198−219 (1921).

[Bel 22] E. T. Bell, letter to H. Hotelling, 3 April 1922 (HPR, box 1.12).

[Bel 23] E. T. Bell, Euler algebra, *Trans. Amer. Math. Soc.* 25: 135−154 (1923).

[Bel 24] E. T. Bell, letter of 8 January 1924 to H. P. Robertson (HPR, box 1.12).

[Bel 24] E. T. Bell, letter of 8 January 1924 to H. P. Robertson (HPR, box 1.12).

[Bel 26a] E. T. Bell, letter of 13 June 1926 to Aristotle Michal (AM, box 1.15).

[Bel 26b] E. T. Bell, letter to A. Michal, 21 March 1926 (AM, box 1.15).

[Bel 26c] E. T. Bell, letter to A. Michal, 13 June 1926 (AM, box 1.15).

[Bel 26d] E. T. Bell, letter of 15 May 1926 to A. Michal (AM, box 1.15).

[Bel 26e] E. T. Bell, letter of 15 June 1926 to H. P. Robertson (HPR, box 1.12).

[Bel 27a] E. T. Bell, letter of 20 October 1927 to H. P. Robertson (HPR, box 1.12).

[Bel 27b] E. T. Bell, *Algebraic Arithmetic*, AMS Colloquium Publication, 7, 1927.

[Bel 28] E. T. Bell, letter of 22 February 1928 to H. P. Robertson (HPR, box 1.12).

[Bel 29a] E. T. Bell, letter of 20 March 1929 to H. P. Robertson (HPR, box 1.12).

[Bel 29b] E. T. Bell, letter of 20 April 1929 to H. P. Robertson (HPR, box 1.12).

[Bel 31a] E. T. Bell, letter of 27 January 1931 to O. Veblen (OV).

[Bel 31b] E. T. Bell, letter of 5 November 1931 to O. Veblen (OV).

[Bel 34] E. T. Bell, Exponential polynomials, *Ann. Math.* 35(2): 258−277 (1934).

[Bel 37] E. T. Bell, *Men of Mathematics* (New York: Simon & Schuster, 1937).

[Bel 38] E. T. Bell, The iterated exponential integers, *Ann. Math.* 39(2): 539−557 (1938).

[Bel 39] E. T. Bell, letter of 18 April 1939 to R. A. Millikan (RAM, box 24.22).

[Bel 42] E. T. Bell, letter of 29 August 1942 to H. P. Robertson (HPR, box 1.15).

[Bel 45] E. T. Bell, *The Development of Mathematics* (New York: McGraw-Hill, 2nd edition, 1945).

[Bel 51] E. T. Bell, letter of 27 April 1951 to H. P. Robertson (HPR, box 1.15).

[Bir 25] G. Birkhoff, letter of 5 January 1925 to R. A. Millikan (RAM, box 25.3).

[Bir 26] G. Birkhoff, letter to G. Birkhoff, 25 October 1926 (GB).

[CIT 28] *Bull. Calif. Inst. Technol.*, 37 (121): 91−92 (1928).

[Coh 41] I. Bernard Cohen, Review of *The Development of Mathematics*, *Isis* 33(2): 291−293 (1941).

[Cur 41] D. R. Curtiss, Review of *The Development of Mathematics*, *Nat. Math. Magazine* 15(8): 435−438 (1941).

[Dic 25] L. E. Dickson, letter of 1 January 1925 to R. A. Millikan (RAM, box 25.3).

[Dic 30] L. E. Dickson, Review of *Algebraic Arithmetic*, *Bull. Amer. Math. Soc.* 36: 455−459 (1930).

[Dur 01] Appendix. Some of E. T. Bell's mathematics, in [Rei 01], 400−402.

[Ehr 24] Paul Ehrenfest, letter of 11 January 1924 to T. Ehrenfest, quoted in C. Truesdell, *An Idiot's Fugitive Essays on Science*: *Methods, Criticism, Training, Circumstances* (New York: Springer-Verlag, 1984), 403−438.

[Goo 91] Judith Goodstein, *Millikan's School*: *A History of the California Institute of Technology* (New York: W. W. Norton, 1991).

[Gou 74] H. W. Gould, Coefficient identities for powers of Taylor and Dirichlet series, *Amer. Math. Monthly* 81: 3−14 (1974).

[Gre-Goo 84] J. L. Greenberg and J. R. Goodstein, Theodore von Kármán and applied mathematics in America, *Science* 222: 1300−1304 (1983).

[G & H 62] H. W. Gould and A. T. Harper, Operational formulas connected with two generalizations of Hermite Polynomials, *Duke Math. J.* 29: 51−63 (1962).

[Hal 2012] Alfred W. Hales, email of 26 August 2012 to D. Babbitt.

[Hou 42] William V. Houston, letter of 13 July 1942 to R. A. Millikan (RAM, box 25.1).

[Joc-Efr] John J. O'Connor and Edmund Robertson, MacTutor History of Mathematics, http://wwwhistory. mcs.st-and.ac.uk/Biographies/Bell.html.

[Lan 41] Rudolph Langer, Review of *The Development of Mathematics, Science, New Series* 93: 281−283 (1941).

[Leh 93] Derrick H. Lehmer, The mathematical work of Morgan Ward, *Mathematics of Computation* 61 (203): 307−311 (1993).

[Man 75] Kenneth R. Manning, The emergence of the Weierstrassian approach to complex analysis, *Arch. Hist. Exact Sci.* 14: 297−383 (1975).

[Mil 42] Robert A. Millikan, letter of 6 July 1942 to A. D. Michal (RAM, box 25.1).

[R, K, & O 73] G.-C. Rota, D. Kahaner, and A. Odlyzko, On the foundations of combinatorial theory. VIII. Finite operator calculus, *J. Math. Anal. Appl.* 42: 684−760 (1973).

[Rei 93] Letter of R. A. Millikan to O. Veblen, December 1924, quoted in Constance Reid, *The Search for E. T. Bell, Also Known as John Taine* (Washington, D. C. Mathematical Association of America, 1993).

[Rei 01] Constance Reid, The alternative life of E. T. Bell, *Amer. Math. Monthly* 108 (5): 393−402 (2001).

[Rio 57] John Riordan, The numbers of labeled colored and chromatic Trees, *Acta Mathematica* 97: 211−225 (1957).

[Rio 58] John Riordan, *Introduction to Combinatorial Analysis* (New York: Wiley, 1958).

[Rob 29a] H. P. Robertson, letter of 6 April 1929 to R. A. Millikan (HPR, box 4.19).

[Rob 29b] H. P. Robertson, letter of 11 May 1929 to E. T. Bell (HPR, box 1.12).

[Rob 29c] H. P. Robertson, The uncertainty principle, *Phys. Rev.* 34: 163−164 (1929).

[Rob 35a] H. P. Robertson, letter to Earnest Watson, 22 April 1935 (HPR, box 6.14).

[Rob 35b] H. P. Robertson, letter of 6 February 1935 to H. S. Vandiver (HPR, box 6.13).

[Rob 35c] H. P. Robertson, letter of 6 February 1935 to J. R. Oppenheimer (HPR, box 6.13).

[Rob 35d] H. P. Robertson, letter ca. July 1935 to M. Ward (HPR, box 6.13).

[Rob 36] H. P. Robertson, letter of 28 March 1936 to O. Veblen (HPR, box 1.13).

[Rob 51a] H. P. Robertson, Further autobiographical facts, requested by the National Academy of Sciences, undated (HPR, box 27.2).

[Rob 51b] H. P. Robertson, letter of 18 May 1951 to E. T. Bell (HPR, box 1.15).

[Rot 64] Gian-Carlo Rota, The number of partitions of a set, *Amer. Math. Monthly* 71: 498−504 (1964).

[Tan 75] Steven M. Tanny, Generating functions and generalized alternating subsets, *Amer. Math. Monthly* 75: 55−65 (1964).

[Tau 62] Abraham Haskel Taub, H. P. Robertson, 1903−1961, *SIAM Journal* 10: 737−801 (1962).

[Tay 81] Angus Ellis Taylor, letter of 2 November 1981 to J. Greenberg.

[Tay 84] Angus Ellis Taylor, A life in mathematics remembered, *Amer. Math. Monthly* 91 (10): 605−618 (1984).

[Tay 91] Angus Ellis Taylor, letter of 16 November 1991 to J. R. Goodstein.

[War 38] Morgan Ward, letter of 20 May 1938 to H. P. Robertson (HPR, box 6.13).

[War 39] Morgan Ward, letter of 18 April 1939 to R. A. Millikan (RAM, box 24.22).

[Wey 31] Hermann Weyl, *The Theory of Groups and Quantum Mechanics*, translated by H. P. Robertson (London: Methuen, 1931).

[Wil 27] Edwin Bidwell Wilson, Some recent speculations on the nature of light, *Science* 65: 265−271 (1927).

编者按：本文译自 Judith Goodstein and Donald Babbitt. E. T. Bell and Mathematics at Caltech between the Wars. *Notices of the AMS*, 2013, 60(6): 686−698. 内容略有删改。

与 Raoul Bott 的合作

—— 从几何学到物理学

Michael Atiyah

译者：朱南丽

> Michael Atiyah 生于 1929 年。1952 年和 1955 年，从剑桥大学三一学院分别获得学士和博士学位。1963—1969 年任牛津大学 Savile 几何学讲座教授，1969—1972 年任普林斯顿高等研究院数学教授，现任牛津大学皇家学会数学教授，同时，他还是英国皇家学会会员，法国、瑞典以及美国国家科学院院士。1966 年在莫斯科举行的国际数学家大会上荣获菲尔兹奖。他的研究兴趣包括拓扑、几何、微分方程和数学物理等诸多领域。

1. 引言

我与 Bott（Raoul Bott，1923—2005）是亲密的朋友和合作者。从 1955 年在普林斯顿高等研究院的第一次会议，到 2005 年（就在他离世之前）圣塔芭芭拉的最后一次会议，我们的交往持续了 50 年。在 1964—1984 这二十年间，我们联名发表了 12 篇论文。而这仅仅只是我们的合作中那可见的一部分。第一次见面之后不久，我们便开始了数学的交流，并在之后不时的见面中一直持续着这种互动。

在普林斯顿、哈佛、剑桥、牛津和波恩，我俩都有过比较长时间的相处，而在印度、中国、匈牙利和意大利等地，我们又因由学术会议而短暂地相逢。

从广义上讲，我和 Raoul 都是几何学家，我们的兴趣横跨拓扑、微分与代数几何，乃至理论物理。虽然有着不同的学术背景，但一直以来，我们兴趣相投、相互学习。重要的是，我们一致认为，整体拓扑思想为理解复杂问题提供了基本框架。分析通常深深潜在问题的核心，其美妙之处在于以优雅的方式，将整体结果呈现了出来。如在 20 世纪 50 年代，经由 Cartan 和 Serre 之手所发展起来的层的上同调方法所扮演的决定性角色，就是一个很好的例证。

在与 Raoul 五十载合作的半程中，我们同 Is Singer 及其他几位学术同伴忽然需要面对一些来自于理论物理中有关规范场论的新的概念。我们需要一座新的桥梁，连接当时存在于数学与物理之间的鸿沟，使得双方的思想和技术能够畅通地往返其上。在随后的仅仅几年间，伴随着潮水般涌现出来的大量研究成果，这方面的研究汇聚成了一个洪流。也正是由于这种需求，使 Edward Witten 成为我们共同的老师。与 Edward 的结识，是在 20 世纪 70 年代中期，那时的他是哈佛的初级研究员，足够年轻，适合学习新的数学思想；同时又足够成熟，能够娴熟地运用相关的物理知识。对于我、Raoul，还有我们的合作者和学生来说，他无疑是一位理想的导师。如今，新的一代已经成长起来，这一代的物理学家们可以熟练地运用谱序列，而数学家们则能够流利地谈论量子化。回想起来，我为我们能够亲历那段时期，成为这个数学与物理史上伟大时代的见证者而感到庆幸。

以前我讲过很多次，我一直觉得自己是在追随着 Hermann Weyl 的足迹，因为我所穿越着的，正是他所开拓过的疆域。作为规范场论的先锋，Weyl 一定会为近期所取得的进展而欣喜万分。我认为，Raoul 也把自己看作是 Weyl 的信徒。事实上，正是 Weyl，将当时默默无闻的 Raoul 从卡内基技术学院拽了出来，带到普林斯顿。而作为 Weyl 众多工作之核心的 Lie 群，同时也正是 Raoul 的研究中心。

在之前怀念 Raoul 的传记里 [2]，我对他的人格，以及他所从事的工作，都进行了描述。而关于我们的友谊，则由 Raoul 在他著作集的第一卷（1995 年 1 月）中写给我的献词做出了生动的描述：

> 致 Michael——在曼妙的数学世界及略逊一筹的物质世界中
> 并肩战斗、共同开拓的同志，谨致以我之钦佩、感谢与深挚的爱。

在对 Raoul 的著作文集进行综述时，我愿从处于他数学工作的核心中选出如下五项主题，它们是：

- Morse 理论
- Lie 群
- 闭路空间
- 等变上同调
- 显式公式

关于前四项工作的地位，我将在以后给出细致的阐述。这里，我想先提及最后一项。这第五项主题建立在完全不同的基础上，与其说它是一项内容，倒不如将它称为一种风格反更贴切些。

Raoul Bott

对 Raoul 而言，数学是总体结构与精密细节的均衡，在描绘表达整体的形状和内聚结构的同时，也刻画着体现精准精致之美的细节。如同建筑学，数学的美妙既可表现在宏观，亦能彰显于细处。一个漂亮又明确的公式，是 Raoul 的终极目标，那彰显着你不但真正感悟到了理论的真谛，而且能够成功地驾驭它。这种对细节刻画的关注是我们之间的"创造张力"源。通常情况下，依照我的观点，并不值得为建立明确的公式而耗费精力。但是，Raoul 的偏好却时常胜出，以至于我的想法在一定程度上都发生了转变。明确清晰的公式，例如上同调类的典则微分形式表示，往往包含着大量的信息，并最终在诸如 Chern-Simons 理论等应用场景中，体现了它存在的价值。

接下来，我将从与 Raoul 共同撰写的论文中，挑选出能够支撑说明以上主题的代表作，进行分门论述。尽管被分列在不同的项目下，它们之间却并非完全独立，而是相互关联的。

2. Bott 周期性和 K 理论

毫无疑问，典型群同伦的周期性定理是 Raoul 最伟大的发现。该结果言简意赅、推论众多、观点独到，并为分析的方法（Morse 理论）所验证。

首先，我们来回顾一下酉群的 Bott 周期性定理。令

$$U = \lim_{N \to \infty} U(N)$$

为稳定酉群取关于标准包含 $U(N) \to U(N+1)$ 的极限。则 Bott 周期性定理断言，存在一个同伦等价

$$\Omega^2 U \sim U,$$

其中 Ω^2 为双重闭路空间。特别地，U 的同伦群以 2 为周期：

$$\Pi_q(U) = \begin{cases} \mathbb{Z}, & q \text{ 为奇数}, \\ 0, & q \text{ 为偶数}. \end{cases}$$

稳定正交群 O 也存在类似的周期性，但其周期为 8。

Bott 最初的证明源自 Morse 理论，是他与 Hans Samelson 的一个合作成果。与其他所有漂亮的重要定理一样，Bott 周期性也拥有多种不同的证明方法，每种证明方法都采用了不同的技术，反映着独到的侧面。据说 Gauss 有八种关于二次互反律证明的方式，而 Bott 周期性定理也完全可能拥有类似数量的证明。

追随 Grothendieck 在代数几何领域革命性的工作，我和 Hirzebruch 发展了拓扑 K 理论。在此框架中，Bott 周期性定理有一个精致的形式。对任意紧空间 X，张量积给出了一个自然同态：

$$K(X) \otimes K(S^2) \to K(X \times S^2). \tag{1}$$

从本质上讲，在此情形 Bott 周期性定理断言了 (1) 是一个同构。

有关这个版本的证明历史事实上非常有趣。(1) 式是在我和 Hirzebruch 发展 K 理论的基础时偶然间发现的。类比于代数几何，我们下意识地认定这就是 Bott 同构。随后，在为一个关于 K 理论的布尔巴基研讨会报告做准备的时候，我忽然意识到，这里存在着一个缺口。于是，我尝试着利用上同调方法的迂回路径来填补这个缺口，但结果却并不令人满意。更糟糕的是，那种方法对于正交群是无效的。失望之下，我给 Raoul 写信寻求帮助。Raoul 在对他的证明方法进行了仔细研究之后，发现该证明即可推知 (1) 式就是一个同构，进而成功填补了这个缺口。相关的论证呈现在 [14] 中，那也是 Bott 唯一的一篇以法语——一种让他觉得不很自在的语言——写就的文章。后来，他觉得有点遗憾的是，没能知道那篇文章的译者是谁，否则，就可以恰当地表示一下他的感激之情了！

多年以后，又出现了周期性定理的另一种完全不同的证明方法，采用的是椭圆算子的指标定理。我将在下一部分对这种证明方法进行阐述。

3. 指标理论

在代数几何中，Grothendieck 曾为了给出 Hirzebruch-Riemann-Roch 定理一个新的证明并予以推广而引入了 K 理论。当我们从代数几何转向拓扑学与微分方程时，K 理论又在流形上的椭圆微分算子的指标理论中起了基本性的关键作用。

在我和 Singer 于 20 世纪 60 年代早期得到的一个主要定理中，对紧流形 X 上的椭圆微分算子 D 的指标

$$\text{index } D = \dim(\ker D) - \dim(\text{coker } D)$$

给出了一个显式的公式。该公式将算子 D 的指标表示为由 D 的主象征 σ_D 构造出的一个微分形式（或上同调类）在 X 上的积分。D 的指标只依赖于 D 的最高次项，及由此给出的 X 的余切球丛到 $GL(N, \mathbb{C})$ 的一个映射。这是 D 作用在 $\mathbb{C}^N$-值函数上的情形，而在 D 作用在向量丛截面的情形有一个自然的一般化。

指标理论的一个推广方向是考虑由 $y \in Y$ 参数化的椭圆算子族 D_y。此时指标是 $K(Y)$ 中的一个元素。这与 Grothendieck 的推广相近，可用来建立以 (1) 式形式出现的周期性定理（见 [1]）。

指标理论另一个推广方向则导致了 (1) 的又一种完全不同的证明。这里涉及带有边界 Z 的流形 X 上的指标定理。为了能够合理地定义指标，我们需要引入恰当的边界条件。这种边界条件早已被分析学家认识到。通过对其

仔细检验，我和 Raoul 发现了如何利用该边界条件将符号（映射）从 Z 上的余切球从 $S(X)$ 推广到 X 内部的方法。这意味着，指标 D 的积分公式同样可以恰当地扩展到边界 Z 上，使得 D 的指标公式仍然成立 [4]。

关于如何将 D 的边界条件与 Z 上的拓扑联系起来的细节精致而又漂亮。这事实上依赖于 [3] 中给出的 Bott 周期性定理的一个新的基础证明，其中的出发点是 $GL(N, \mathbb{C})$ 中闭路的有限 Fourier 级数

$$f(z) = \sum_{-k}^{k} A_n z^n$$

的逼近，其中的系数 A_n 是 $N \times N$ 复矩阵。

1942 年，Raoul Bott 在麦基尔大学读书期间摄于加拿大的皇家山公园

以上这些，表明 K 理论和椭圆算子的指标定理之间存在着一种深刻的联系。如今，这种观念已经在很大程度上被由 Alain Connes 等发展完善的更为广义的理论所采纳。

回首过往，有时我们能够发现那些曾被忽视而又值得进一步探讨的问题。如将周期性定理的基本证明拓展到正交群的情形，就是一个这样的问题。在这个问题中，适用于圆周的 Fourier 级数必须用正交群的表示论和球调和函数替代。我相信，Raoul 一定会很高兴看到这样的方案能够有所推进，在这个方案中，应该将会包含他所钟爱的那类显示公式。

4. 热方程

指标定理有一种热方程的证明方法，因其与物理学的完美契合而变得非常流行。虽然其应用范围局限于与黎曼几何相关的 Dirac 型算子，但却有着极其显著的优势。从基本上讲，它给出了算子指标的一个局部形式，这正是 [11] 中所研究的 APS 边界条件和 η-不变量所需要的。

这里，基本的分析思想极其简单。由于自伴算子 DD^* 和 D^*D 具有非负离散谱，所以有

$$\mathrm{Trace}(e^{tD^*D}) = \sum_{\lambda \geqslant 0} e^{-t\lambda},$$

其中，λ 取遍所有的特征值（计有限的重数）。容易看出，对于 DD^* 和 D^*D，对应于 $\lambda \neq 0$ 的项是相同的，而对应于 $\lambda = 0$ 的项之差给出了指标 D。因此得到公式

$$\mathrm{index}\, D = \mathrm{Trace}(e^{tD^*D}) - \mathrm{Trace}(e^{tDD^*}). \tag{2}$$

它对于所有的 $t > 0$ 为一恒等式。当 $t \to 0$ 时，热算子 e^{tD^*D} 与 e^{tDD^*} 的核有显式的渐近展开。特别地，(2) 式给出了指标 D 的一个显式积分公式。

不幸的是，热核的渐近展开极其复杂，它含有高阶导数，导数的阶数取决于流形的维数。但神奇的是，(2) 中出现的热核的迹中暗含有不可思议相消，以致所有的高阶导数都在 (2) 中消失，只剩下一个简单得多的公式，这个公式是一个关于曲率的代数表达式，它代表了某种示性类。由此，我们得出了指标 D 的一个简单的上同调公式。

这个代数约简过程首先是 Patodi [20] 发现的，之后被 Gilkey [16] 进行了推广。其中采用的方法对我和 Raoul 来说太过复杂，所以我们与 Patodi 共同合作，最终利用不变量理论对这整个过程做出了解释 [9]。这当中用到了 Weyl 关于正交群不变量的经典结论，以及 Riemann 几何的结论，把所有对象都化简到了 Riemann 张量和 Bianchi 恒等式。

Patodi 最初的证明中包含了某些灵巧的代数计算，这是我和 Raoul 所无法领会的。而现在通过利用超对称性，我相信这些内容已经可以为物理学家们所理解了。

关于这部分研究，我想提出以下两个问题：

(1) 在超对称的证明与不变量理论的证明之间存在着怎样的关系？

(2) 不变量理论的证明，结合 Bianchi 恒等式，是否可以被理解为 $\mathrm{Diff}(X)$ 的不变量理论？而这个问题，我认为与 Gelfand 在多年前提出的一个问题具有某种关联。

5. 不动点理论

在 1964 年的伍兹霍尔会议上，Raoul 和我对于与一个椭圆算子 D 交换的映射 $f : X \to X$，给出了指标定理的一个推广。这里涉及 Lefschetz 数

$$L(f, D) = \mathrm{Trace}(f|\ker D) - \mathrm{Trace}(f|\mathrm{coker}\, D).$$

受 Shimura 的一个问题的启发，我们猜想，当 f 有孤立（横截）的不动点时，这个分析的 Lefschetz 数应当可以由如下形式的公式给出

$$L(f, D) = \sum_P \nu_P(f, D),$$

其中的求和是对 f 中的不动点 P 进行的，而 $\nu_P(f, D)$ 则由 P 点处某种显式局部公式给出。

陈述出这个猜想之后，我们邀请集聚在伍兹霍尔的专家们通过计算一些简单的例子，对这个猜想进行检验。然而他们判断我们的猜想是错误的。所

幸的是，我俩并没有听信他们的结论，要知道，我们的公式看上去是那么的美妙！事实上，我们经过进一步的论证，最终证明了这个猜想 [5]。

以上，是我所讲述的伍兹霍尔事件的版本。有趣的是，那些我曾咨询过的专家们，没有哪怕一位还能想得起这个故事来。正如 Freud 的解读，我们总倾向于忘记那些错误，而更愿意记住成功！

这个不动点公式是 Raoul 的最爱之一，他喜欢其优雅的结果，以及广泛的应用。我们很快发现，一方面它蕴含了紧致半单李群的不可约表示特征的著名 Hermann Weyl 公式；而从另一个完全不同的角度看，它也表明 P. A. Smith 关于带有循环群作用的球面一个长时间的猜想是正确的。

不动点理论另一个令人惊讶的推论是由我和 Hirzebruch 发现的 [10]，即，如果旋流形允许一个非平凡圆周作用，则 Dirac 算子的指标（$\hat{A}$ 亏格）为零（实际上这里我们还需要推广不动点定理使其能够同时处理高维的不动点集）。

Bott 与本文作者在一起

证明的思路是简洁的。我们利用不动点定理的显示公式计算了不动点的贡献 $L(z, D)$，这里 $|z| = 1$ 给出了流形上的圆周作用。然后经解析延拓到所有复数 z（包括 $z = \infty$），我们发现 $L(z, D)$ 没有极点，即其不依赖于 z（事实上恒等于 0）。

多年以后，Witten 把不动点定理形式地用到了无限维情形，推广了我与 Hirzebruch 的定理 [22]。对于正交群表示的序列 R_n，证明了与 R_n 扭合的 Dirac 算子的指标是"刚性的"，即独立于圆周作用。

Witten 结论的严格数学证明是由 Bott 和 Taubes 随后给出的 [15]，该证明模仿了我和 Hirzebruch 的证明，但采用的是模形式，而非有理函数。这个工作与之后 M. Hopkins 关于椭圆上同调的工作紧密相关，并将可能指向未来物理和数论之间进一步的深层关联。

6. 杨-Mills 和代数曲线

每次遇到 Raoul，我们总是会相互交换观点，这种讨论经常引发又一轮的合作。其中的一次就发生在牛津，Raoul 去孟买塔塔研究所的归途上。当时他正热衷于代数曲线中向量丛的研究，这恰巧是我在读博士期间所学习的第一项主题。当时，四维几何的杨-Mills 理论的研究正如火如荼。一天，在漫步穿过公园去学校午餐的路上，我们两个开始考虑，如果把杨-Mills 应用到二维情形，比如代数曲线或黎曼曲面，又将会产生怎么样的结果。一开始，我们觉得这个理论可能并没有太大的价值，谁知结果却是出乎意料地硕果累累，并促成了我们最长的一篇合作论文 [6]。

其核心思想对于 Raoul 来说是自然而然的，就是研究紧致黎曼曲面 X 上 G-联络的无限维空间 $\mathcal{A}$ 上的杨-Mills 泛函 $\|F_A\|^2$。

我们从物理学家那里学到了规范变换的无限维群

$$\mathcal{G} = \mathrm{Map}(X, G),$$

它在 $\mathcal{A}$ 上的作用保持杨-Mills 泛函，从而可自然地认为可以过渡到商空间。但是 Raoul 通过他的经验判断，由于群作用是非自由的，所以这里最好采用 $\mathcal{G}$-等变上同调。

我们还发现了一个简洁而漂亮的事实，即 $\mathcal{A}$ 具有自然的辛结构，并且 $\mathcal{G}$ 的作用定义了一个矩映射

$$\mu : \mathcal{A} \to \mathrm{Lie}(\mathcal{G})^*,$$

而这恰巧正是曲率 $A \to F_A$。

这两项事实，将我们引向了一种新的、更为直接地计算 X 上平坦 G-丛的模空间（或等同于全纯 $G^{\mathbb{C}}$-丛的模空间）的 Betti 数的方法。这些 Betti 数之前曾由 Harder 和 Narasimhan [17] 采用完全不同的方法进行过计算。他们工作在有限域上，对有理点进行计数，采用的是 Weil 猜想（之后由 Deligne 构建）。

尽管这两种方法完全不同，但证明的实际结构却惊人地相似。两种情况都是从无限维情形出发，随后进行自同构约化。对它们之间潜在联系的探寻是一个非常迷人的问题。它建议了两个想法：

(1) 是否存在 Weil 猜想的一个无限维的版本？

(2) 是否能够找到一种密切相关的量子场论，使得 Feynman 积分类似于 Tamagawa 测度？

这些问题已经悬置了二十多年，或许现在是再来探讨它们的时候了？

现在，让我用几个注记来作为这部分的结束：

(3) 后经证实，[6] 中采用的方法可以被推广到有限维几何不变量理论。这点由 F. Kirwan 在 [19] 中阐明。

(4) 亏格零（例如，当 $X = S^2$ 时）[6] 与 Bott 在 ΩG 上的工作密切相关。

(5) [6] 中的想法被证明在物理学中非常有用 [23]。

(6) 在随后的论文 [7] 中，我和 Raoul 对矩映射和等变上同调的关系进行了深入的探究。

7. 无后效现象

虽然我与 Raoul 的大部分合作工作都以椭圆 PDE（偏微分方程）为中心，但我们另一项主要合作工作则是关于双曲型 PDE 的。那是一项与 Lars Gåding 共同开展的三方合作。是 Lars 引发了这个研究项目，并在分析方面指导了我们。这个合作队伍由 Lars 带领，因为我们俩的优势在于拓扑和代数几何。

我们要研究的问题是关于双曲型 PDE 的无后效现象（Lacunas），这是光传播领域著名的 Huygens 原理的推广。Igor Petrowsky [21] 曾对这个问题进行了细致的研究，并得出了许多关键的结论。但当时的拓扑技术尚不完备，几何论证也难以理解。而我们的目标就是用现代方法重新阐述 Petrowsky 的思想，使其更易于理解和推广。

基本的思想是通过 Fourier 变换，采用复化特征超曲面中圆周上的显式积分，给出双曲线性 PDE（常系数）的基本解。这个"周期"积分取决于我们计算的基本解的空间区域，若其为零（因为它在整个"光圆锥体"之外是平凡的），则此区域为无后效的。非平凡无后效现象确实存在，如何找到并确定它们则是一个精妙的问题。

Bott 在德国波恩大学上课

幸运的是，我和 Raoul 刚一理解这个问题，现代代数几何技术就为我们提供了解决的方案 [8]。其中一个关键要素归结于 Grothendieck 的一个结论，即仿射代数簇的上同调由有理微分形式的复形给出。事实上，这个结论已经隐含在我与 Hodge 早期合作的论文中（尽管当时我还没能意识到这点）。

在 Lars 的引导下，通过结合当代方法，Petrowsky 的工作得以明晰，并得到了大幅推广。

参考文献

[1] M. F. Atiyah, *Bott periodicity and the index of elliptic operators*, Quart. J. Math. Oxford Ser. (2) 19(1968), 113−140.

[2] M. F. Atiyah, *Raoul Harry Bott*, Biographical Memoirs of Fellows—Royal Society 53(2007), 63−76.

[3]　M. F. Atiyah and R. Bott, *On the periodicity theorem for complex vector bundles*, Acta Math. 112(1964), 229−247.

[4]　M. F. Atiyah and R. Bott, *The index problem for manifolds with boundary*, Differential Analysis, Bombay Colloq., 1964, Oxford Univ. Press, London, 1964, pp. 175−186.

[5]　M. F. Atiyah and R. Bott, *A Lefschetz fixed point formula for elliptic differential operators*, Bull. Amer. Math. Soc. 72(1966), 245−250.

[6]　M. F. Atiyah and R. Bott, *The Yang–Mills equations over Riemann surfaces*, Philos. Trans. Roy. Soc. London Ser. A 308(1983), no. 1505, 523−615.

[7]　M. F. Atiyah and R. Bott, *The moment map and equivariant cohomology*, Topology 23(1984), no. 1, 1−28.

[8]　M. F. Atiyah, R. Bott, and L. Gårding, *Lacunas for hyperbolic differential operators with constant coefficients*. I, Acta Math. 124(1970), 109−189.

[9]　M. F. Atiyah, R. Bott, and V. K. Patodi, *On the heat equation and the index theorem*, Invent. Math. 19(1973), 279−330.

[10]　M. F. Atiyah and F. Hirzebruch, *Spin-manifolds and group actions*, Essays on Topology and Related Topics (Mémoires dédiés à Georges de Rham), Springer, New York, 1970, pp. 18−28.

[11]　M. F. Atiyah, V. K. Patodi, and I. M. Singer, *Spectral asymmetry and Riemannian geometry*. I, Math. Proc. Cambridge Philos. Soc. 77(1975), 43−69.

[12]　M. F. Atiyah and I. M. Singer, *The index of elliptic operators on compact manifolds*, Bull. Amer. Math. Soc. 69(1963), 422−433.

[13]　R. Bott, *The stable homotopy of the classical groups*, Ann. of Math. (2) 70(1959), 313−337.

[14]　R. Bott, *Quelques remarques sur les théorèmes de périodicité*, Bull. Soc. Math. France 87(1959), 293−310.

[15]　R. Bott and C. Taubes, *On the rigidity theorems of Witten*, J. Amer. Math. Soc. 2(1989), no. 1, 137−186.

[16]　P. B. Gilkey, *Curvature and the eigenvalues of the Laplacian for elliptic complexes*, Advances in Math. 10(1973), 344−382.

[17]　G. Harder and M. S. Narasimhan, *On the cohomology groups of moduli spaces of vector bundles on curves*, Math. Ann. 212(1974/75), 215−248.

[18]　W. V. D. Hodge and M. F. Atiyah, *Integrals of the second kind on an algebraic variety*, Ann. of Math. (2) 62(1955), 56−91.

[19]　F. C. Kirwan, *Cohomology of quotients in symplectic and algebraic geometry*, Math. Notes, vol. 31, Princeton Univ. Press, Princeton, NJ, 1984.

[20]　V. K. Patodi, *An analytic proof of Riemann–Roch–Hirzebruch theorem for Kähler manifolds*, J. Differential Geometry 5(1971), 251−283.

[21] I. Petrowsky, *On the diffusion of waves and the lacunas for hyperbolic equations*, Rec. Math. [Mat. Sbornik] N. S. 17(59)(1945), 289−370.

[22] E. Witten, *Elliptic genera and quantum field theory*, Comm. Math. Phys. 109(1987), no. 4, 525−536.

[23] E. Witten, *Two-dimensional gauge theories revisited*, J. Geom. Phys. 9(1992), no. 4, 303−368.

编者按：本文译自 Michael Atiyah. Working with Raoul Bott: From Geometry to Physics. Centre de Recherches Mathématiques. *CRM Proceedings and Lecture Notes*. American Mathematical Society. 50(2010), 51−61. 译者感谢张家玲在此文翻译中所给予的领域知识支持，以及昆明理工大学宫爱玲的帮助。

怀念一代宗师 Raoul Bott（1923—2005）

Rodolfo Gurdian，Stephen Smale，David Mumford，Arthur Jaffe，丘成桐

协调编辑：杜武亮

译者：朱敏娴

2005 年 12 月 20 日，Raoul Bott 去世了。在长达半个世纪的职业生涯中，他对几何和拓扑做出许多深刻和根本的贡献。本文是 *Notices* 登载纪念他的人生和言论之两篇文章的第二篇。第一篇是他本人授权的自传 "Raoul Bott 的生活与工作"（[4]），他在几年前阅读并认可了此自传。自那以后，他往昔的合作者、同事、学生和朋友至少出了三卷纪念他的书（[1, 2, 7]）。我在别处也写过与他一起工作的经历（[5]）。本文呈现的一些个人回忆与已发表过的文章没有交叠。更多的怀念和感激 Bott 的文章可以在《Raoul Bott 论文集》最后一卷中找到（[6]）。

图 1　Raoul Bott, 2002 年

从哈佛大学退休以后到他生命的最后一刻，Bott 一直对数学充满了热情。同时他又牢固地扎根于现实世界。熟识他的人大多会同意，他就是法语所谓"享乐生活"（joie de vivre）的典范。他在数学上的成就不言自明。希望以下的回忆可以让读者更多地了解他的个性，对生活的热爱，以及他的人性。

以下文章按作者认识 Raoul Bott 的顺序排列。作为协调编辑，我在各篇开头加了简短的介绍。

Rodolfo Gurdian

Rodolfo Gurdian 是 Raoul Bott 在麦吉尔大学读本科时的室友。下文中幻想的偷鸡事件源于他们在 Mont Tremblant 经历的一起真实的鸡腿事件，对此事的回忆见 [4]。Rodolfo Gurdian 已去世，此文写于 2000 年前后，Raoul Bott 当时读过。

以下是我和 Raoul Bott 在麦吉尔大学度过的日子里做的一些恶作剧。

1941 年我遇到 Raoul，那时我们是麦吉尔大学的一年级学生。我们住在同一幢学生宿舍楼 Douglas Hall，但不在同一个房间。他注意到我，是因为我的三角函数成绩比他高。他还注意到我会弹吉他，而我觉得他的钢琴弹得不错。

图 2　Raoul Bott（左），20 世纪 30 年代

图 3　Rodolfo Gurdian 和 Raoul Bott 在麦克尔大学读本科的时候，1942 年左右

接下来的一年，我与他开始住同一个房间，同住的还有医学院学生 Frazer Farlinger。Raoul 主修电子工程，我主修化工。我们三人的区别是，Frazer 和我都必须很用功地学习，而 Raoul 不需要。他经常说，只要去上课就足够了，因为电子工程是一门很有逻辑性的学科。他的成绩还算令人满意，但如果他更努力的话会更好。

我认识了他富有魅力的继父母 Oskar 和 Celia Pfeffer 夫妇。当我意识到他们不是很有钱时，我告诉 Raoul，既然他的数学这么好，如果他稍微再用功一点，可以轻易地获得一份奖学金。我觉得我的话影响了他，因为他的成绩提高了，并且成为班上最好的学生之一。在麦克尔大学的最后几年里，我相信他的确赢得了奖学金。

因为住在一起，我们成为好朋友。我们都喜爱恶作剧。我们经常星期六去一个叫 The System 的电影院看电影。只买一张电影票可以连续看三部电影。虽然票价不高，但我们都没有什么钱，所以我们想出一个不付钱混进电影院的办法。那个电影院有两个入口，但只有一个人看管。其中一个入口是通向二楼的木楼梯，另一个则通往一楼。我们设计的方案是，一个人去和检票员说话，另一人往楼上跑，制造很大的响动以分散他的注意力。当检票员去查看响动的时候，第一个人就利用这个机会溜进电影院的一楼。当然，我们一旦混进影院，看到空位就坐下来，假装是普通观众，检票员很难找到我们。

暑假的时候，每个工科生都必须做工以获得实际工作经验。因为 Douglas Hall 在暑假期间关闭，我们在学校附近租了个房子。Raoul 有 6 英尺 2 英寸高，我还不到 5 英尺 6 英寸；所以，你可以想象我们俩在一起看上去多么奇怪。暑假的一个星期天，我们决定来一场恶作剧。Raoul 穿上他的灰红色浴袍，戴上头巾，并拿了一把小匕首。我穿上红色的短裤，绿色的 T 恤，带着一个铃鼓。我跟着 Raoul 走到大街上，摇着铃鼓围绕着他跳舞。街上的人都很震惊。突然，Raoul 走到一个老太太面前，用匕首威胁她。老太太开始尖叫，我们意识到玩笑开过头了，拔腿疯跑。

我和 Raoul 经常讨论我们未来的职业。我说，因为我对钱很在行，我要经商（后来，我的确成为成功的商人）。他开玩笑说，既然我会很有钱，而他作为一个教授会很穷，最终他会被迫去哥斯达黎加找我寻求帮助。我们会约在我的后院见面，而他因为太饿了要偷我的鸡。发现后院有小偷，我会拿着枪出来。一看到我，他会大喊："Rodolfo，不要开枪，是我，Raoul，你的老朋友。"那时我会是一个麻木不仁的富人，朝他回喊："我当然认得你。"然后还是会把他打死。

我想我们能成为好朋友的一个原因，就是我们小时候都喜欢恶作剧。而且，拉丁美洲人和欧洲人的共同点比和北美人多，所以我们喜欢一起恶作剧。

Stephen Smale

1967 年某次会议期间，Raoul Bott 差点在 Stephen Smale 组织的一次去海滩的远足中溺水。事后，Bott 常常开玩笑地说，Smale 试图杀了他。Bott 说，Smale 是他"最差的"学生，不是指 Smale 的数学成就，而是他的道德规范。下面是 Smale 关于此次事件的说法。

Raoul 经常以"Steve 是我的第一个学生"介绍我，然后强调"也是最差的一个！"他在庆祝我 60 岁生日的会议上描述了我们之间（经常动荡不安）的关系。Raoul 讲述我们的一次旅行时说，"Steve 试图淹死我。"

那是在奥林匹克半岛的泰勒点（Taylor's Point，美国奥林匹克公园中一个海滩的名称——译注），我的确错误地估计了涨潮的时间，低估了它的危险性。这件事发生在 1967 年在西雅图召开广义相对论 Battelle 会议的期间，我组织了大约 12 个人参加为期三天的短途旅行，我们沿着海滩露营。接近旅行的尾声，我们来到了（臭名昭著的）泰勒点。我们必须做一个决定。我的妻子 Clara，女儿 Laura 和另外一些人决定绕行。我用自己对潮水的估算，说服了剩余的人从海水里游过去，其中包括 Raoul，他的妻子 Phil，女儿 Renee，Mike Shub 及其（当时）的妻子 Beth，以及我的儿子 Nat（10 岁）。当我们几乎成功的时候，我看到前方的 Raoul 贴着崖壁被汹涌的海水拍打着。他后来写道 [3, vol.2]，当时他想，"原来淹死是这个滋味。"事实上，我们都活了下来（我的背包在海里丢了）。Raoul 还写道，每次和我旅行回来，他经常跪下感谢上天，"终于又活着回到家了！"

半个世纪以来，Raoul Bott 和我一直是亲密的朋友。早在 1953 年我上他的高等代数拓扑课的时候，我们就经常每星期一起吃饭。我常说，是 Bott 指引我开始了严肃的数学研究。他是极好的老师，也给了我很多启发和鼓舞。

有时我们研究的数学领域和方法都有差异。Raoul 很早就对我研究常微分方程不太高兴。他说，只有那些觉得偏微分方程太难的人才去学常微分方程。而且那个时候 Raoul 对偏微分方程也兴趣不大。在 Morse 理论里，他喜欢用有限维估计，而我用无限维流形（Palais-Smale）。

我们最后一次较长时间待在一起是我邀请他去香港城市大学访问一至两个月。这么多年过去了，他与 Phil 还是像以前一样和我与 Clara 一起喝着马蒂尼酒。当时他在用自己的方法重做我和 Mike Shub 关于多项式方程组的实根个数的结果。后来我也看到了他和 Cliff Taubes 的手稿。

图 4　国际代数拓扑研讨会，墨西哥城，1956 年。第一排，从左至右：1 是 William Massey（？），3 是 Friedrich Hirzebruch（？），4 是 Hans Samelson，5 是 Raoul Bott，6 是 J. H. C. Whitehead。第二排：5 是 Witold Hurewicz（几天后从金字塔摔落身亡），7 是 Solomon Lefschetz。第三排：3 是 Morris Hirsch，7 是 Leopoldo Nachbin。据 Michael Atiyah 所说，既然他不在照片中，他可能是演讲者

生活在 Raoul Bott 的世界里，是我生命中精彩的一部分。

图 5　向 Marston Morse 致敬的微分拓扑研讨会，普林斯顿高等研究院，1963 年 4 月 2 – 5 日。后排（从左至右）：Raoul Bott，Barry Mazur，G. A. Hedlund，T. T. Frankel，Stephen Smale，N. H. Kuiper，J. F. Adams，William Browder，J. W. Milnor，M. A. Kervaire。前排：陈省身，R. G. Pohrer，Atle Selberg，Marston Morse，Walter Leighton，Morris Hirsch，S. S. Cairns，Hassler Whitney

图 6　孟买机场，微分分析讨论会，孟买 Tata 研究所，1964 年。从左至右：Jalihal（公关人员，Tata 研究所），Deane Montgomery，Donald C. Spencer，Georges de Rham，Gårding 夫人，Lars Gårding，Komaravolu S. Chandrasekharan，Raoul Bott，Michael Atiyah，Puthran（注册员，Tata 研究所）

图 7　Raoul Bott 和 Joseph H. Sampson，流形学术会议，东京，20 世纪 60 年代中期

图 8　在电视节目《科学与工程电视杂志》中解释拓扑，大约在 1965 年

David Mumford

David Mumford 叙述 Bott 在哈佛大学的"求职演讲"，以及自 1959 年 Bott 加入哈佛大学以来数学系氛围的变化。

我和 Raoul 的第一次见面是最难忘的。虽然当时我在上一些高年级的数学课，但我仍是一个小小的哈佛大学本科生。1958 年的某一天，Raoul 来到学术讨论会做报告，这个讨论会每星期四下午 4：30 在 Divinity 街 2 号举行（由哈佛大学和麻省理工学院轮流主持）。Divinity 街 2 号的讲台在一个比较低的平台上，大约 3 英尺高，两边有矮的阶梯。主持人介绍完报告人后，Raoul 做了一件从来没有人做过的事情：他一跃而上讲台。他的热情是全身心的。接下来，他解释了对保守的听众来说一个崭新的工具——Morse 理论和他的周期性定理，他的报告使底下汇聚的资深教授们着迷。当然我并不知道这是他的求职报告，而且他要来哈佛大学！

为了更好地说明情况，我们要知道当时哈佛大学数学系是怎样的一个地方。Dave Widder 和 Joe Walsh 是系里最资深的教授，连同 Garrett Birkhoff，他们代表了 20 世纪 30 年代以来的传统。在 Walsh 夫妇举办的晚宴上，虽然已经不需要穿燕尾服，但女人们还是在吃完甜点以后离开饭厅，让男人们抽雪茄和谈论男人们的话题。Lars Ahlfors，Richard Brauer 和 Oscar Zariski 是从欧洲来的数学明星，他们的到来令数学系倍受瞩目。在更年轻的数学家代表中，有三位美国的泛函分析学家：Andy Gleason，George Mackey 和 Lynn Loomis。但这仍是一个绅士云集、非常保守的地方。教授的妻子们在学术讨论会开始前，戴着白手套准备茶水。Saunders MacLane 已经离开去了芝加哥大学，哈佛大学没有人知道他在拓扑、上同调、层等方面新颖的想法。半单李群是个遥远的概念。

图 9　在波恩大学讲课，1969 年

图 10　Raoul Bott 和 David Mumford，20 世纪 70 年代初

Raoul 来了。他不是一口新鲜的空气，而是一股大风，他的工具包里不仅带来了新的精彩的数学课题，还带来了他的火花、活力和无畏的精神。你知道，人们经常因为害怕自己的问题太愚蠢，虽然听不懂报告内容也不敢提问。Raoul 不这样！他经常举手问那个"愚蠢的问题"，虽然一半人知道答案，他的提问也是希望报告者能放慢速度，以便其他人也听得明白。他从来不会因

为不知道某个基本的知识而感到羞愧。

还有那些"报告会派对"。我记得 20 世纪 60 年代它们成了固定节目：每个星期四，报告者的联系人会邀请一大批波士顿范围内的科研工作者和他们的配偶参加聚会。通常男人们凑在一起讨论数学，他们的妻子们凑在一起讨论她们的家人（那时没有女教授）。Raoul 往往来得有点晚，他会提高嗓门说，"这是怎么回事？这是一个派对吗？"或嘲讽地说，"这是哈佛吗？"他喜欢音乐，经常说服 Tom Lehrer 弹奏，甚至在晚上结束前高歌。

Raoul 教了我许多关于数学和人生的东西。我觉得在 Raoul 走进屋子时，没有人没有感受到他的冲击和感染力。他不仅身材高大，而且充满了巨大的精神活力。我们非常想念他。

Arthur Jaffe

1997—1998 年美国数学学会主席 Arthur Jaffe 追忆他与 Raoul Bott 作为同事、朋友和知己的 40 年的关系。

1964 年，我第一次遇到 Raoul Bott。那时我是普林斯顿大学的学生，我看到 Bott 和 Mayberry 的一篇漂亮的关于矩阵和图表的文章，并用他们文章中一个行列式的表达式去分析量子理论中的问题。但这件事并没有让我对我们第一次面对面的会面有任何准备。Raoul 的个性和活力让我吃惊，在我的记忆中留下了不可磨灭的印记。

后来我们成了同事。就是那个时候，Raoul 成了我的一个非常特殊和亲密的朋友。我们一起讨论数学。我们也长时间地讨论这个世界，分享一个好玩的故事，听音乐，或一起用餐分享一瓶好葡萄酒。

Raoul 一直对物理学有兴趣，这产生了一些不寻常的曲折的故事。比如，当 Raoul 听说了正规排序（normal ordering，重正则化的一个简单形式）后，曾经问我，这是否与代数几何中的奇点消解有关。我仍觉得这是个有趣的问题。

Raoul 讲了 1955—1957 年他在普林斯顿高等研究院访问时，与他的邻居杨振宁先生的讨论。他们虽然讨论了很多东西，

图 11　Freeman Dyson，Raoul Bott 和 Valentine Bargmann，在 Oppenheimer 纪念会，普林斯顿高等研究院，1971 年

但联络（connections，微分几何中的一个重要的概念——译注）从未在谈话中出现。直到后来，人们才意识到联络在杨-米尔斯（Yang-Mills）理论中发挥的核心作用。20 世纪 70 年代末，我们一起从坎布里奇（Cambridge）驾车去普罗维登斯（Providence）参加美国数学学会暑期会议。在路上，我们长时间地讨论着这样的话题：有一本规范理论（物理）和微分几何（数学）之间的翻译字典，对于数学家和物理学家的交流是多么重要。

我第一次遇到 Raoul 是在我 1967 年来到哈佛大学之前的一个数学会议上，但我真正地认识他是在 1970 年的里雾诗（Les Houches）暑期学校。这所著名的理论物理暑期学校由 Cecile DeWitt 在二战后创办，它坐落于阿尔卑斯山离勃朗峰不远的一个法国小村庄。在里雾诗不能静心工作的唯一原因是能看到引人注目的南针峰。1970 年暑期学校的重点是数学量子场论。Raoul 是赞助方巴特尔研究所派来的正式"观察员"。

关于这所暑期学校，Cecile 有这么一个有趣的想法：为了最大地促进互动，与会者必须在会议一开始就到场，且必须留到会议结束才可以离开。而这个暑期学校整整持续两个月！无论是听课还是在大饭厅吃饭，参加会议者像一个大家庭一样相处 60 天。Raoul 带来他的妻子 Phyllis 和他们的三个年轻的女儿，他们的儿子 Tony 有时也来。所以，那年暑假我真正认识了 Bott 全家。事实上，George Mackey 和 Alice Mackey 夫妇，以及他们的女儿 Ann 也在场，所以有一个来自哈佛大学的大队伍。

那年秋天回到坎布里奇以后，我开始了一个数学物理的讨论班，Raoul 经常来参加。几个里雾诗暑期班的学生也来到哈佛大学。Raoul 对他们都很喜

图 12　Michael Atiyah 和 Raoul Bott 在英国巨石阵，20 世纪 70 年代初

图 13　Raoul Bott 和 Henri Cartan，Bott 展示 Cartan 的生日礼物 T 恤，Cartan 七十岁生日纪念会，IHES，Bures-sur-Yvette，法国，1974 年

欢，而他最喜爱的是 Konrad Osterwalder。后者在坎布里奇待了 6 年，成为 Raoul 的知己，直到他去了苏黎世联邦理工学院。

1976 年，我帮巴黎的一个朋友在科西嘉的 Cargèse 组织了一个暑期学校。1964 年夏天，我曾去过这个坐落在地中海旁的希腊–法国村庄，它的美丽和历史给我留下了持久的印象。那次的聚集非常成功，以致后来我们在卡尔热斯又举办了 5 次暑期学校。1979 年的第二次汇聚了一群有趣的数学家和物理学家，包括 Raoul, Michael Atiyah, Jürg Fröhlich, Jim Glimm, Gerard't Hooft, Harry Lehmann, Isadore Singer, Kurt Symanzik, Ken Wilson, Edward Witten 和 Jean Zinn-Justin。在随附的照片里（图 16 和图 17），Raoul 看上去很不错，他不仅给了漂亮的演讲，也在一些不太正式的场合带来了欢笑。这里融合创造与互动的科学氛围，以及迷人的海滩，使 Raoul 和 Phyllis 在 1987 年和 1991 年又来到了卡尔热斯。

我原先是哈佛大学的物理学教授，虽然我的一些课程也被列为与数学系的交叉课程。但到了 1975 年的春天，数学系邀请我加入。Raoul 是当时的数学系主任，我还记得他欢乐地向我描述，对我的任命投票表决的过程。星期四在教授俱乐部用过午餐后的教授会议也因为 Raoul 而变得生动。直到 20 世纪 80 年代的某时，数学系一直采用一种老式的方法来决定各人的教学任务，那就是在教授会议上讨论，几乎每次全部教授都到齐！系主任在黑板上写下必要的课程列表，在场的人按在系里的资历依次填上自己的名字。这样做提高了那些更资深的教授的地位，对此 Raoul 愉快地陶醉其中。

图 14 Israel M. Gelfand, Robert MacPherson, Raoul Bott 和 David Kazhdan 在 Bott 家中, Newton, 马萨诸塞州, 1976 年

1978 年 Raoul 和 Phyllis 成为邓斯特宿舍的主任。自从在哈佛大学的第一年一些学生把我带到洛厄尔宿舍以后，我一直很喜欢那里。但是 Raoul 让

图 15　邓斯特宿舍万圣节派对，Raoul Bott 扮作海盗王，Phyllis 扮作少女，
还有两个学生扮作 Phyllis 和 Raoul，20 世纪 70 年代末

我换到邓斯特宿舍去和他在一起，最后我真的去了，还连同带去了我的几个合作者。我和朋友们在邓斯特度过了很多美好的夜晚，包括和学生、同事在食堂吃饭，和"高级公共寓所"成员的定期会议，邓斯特音乐会，红领带晚餐，以及其他许多和 Raoul 与 Phyllis 在主任住所度过的时光。有时 Raoul 安排他的数学家朋友住在邓斯特，如 Fritz Hirzebruch 或 Michael Atiyah，他还很喜欢告诉我们，他的哪位数学家朋友会不期而至访问坎布里奇。

　　由于同住在邓斯特，我们经常会面，计划一起做一些事情。我们都喜欢音乐，经常在本科生音乐会碰面。我记得我们讨论马友友的本科生四重奏在桑德斯剧院弹奏的勃拉姆斯。我和 Raoul 一起观看了塔利斯学者合唱团在波士顿复临教会举办的演唱会的第一场演出。那以后很多次，我坐在他位于 Richdale 街的公寓的音乐房里听他在施坦威钢琴上演奏巴赫。后来在那个房间里，我们讨论了 Glenn Gould 和 András Schiff 的哥德堡变奏曲录音之间的差异。（András 是我仰慕的另一个匈牙利天才，我和他也成为朋友。我多么希望我曾经介绍 Raoul 和 András 认识，因为他们肯定会一拍即合。）

　　Raoul 并不总是记得研讨会的日程安排，所以他喜欢自己的办公室正对着系里的主要研讨室。看着人来人往，觉得自己身临其境，而且透过大厅走廊的玻璃窗，经常可以一目了然正在进行什么研讨会。

　　Raoul 会在最不寻常的时间或地点出现。当我于 1992 年结婚的时候，Raoul 是我的一个婚礼领路员。我记得他护送我的女儿 Margaret 时是多么自豪。2002 年夏天，我抵达维也纳机场时，看到 Raoul 和他的孙女 Vanessa

Scott，我也没有感到丝毫的惊讶。他们正要出发去拍一个关于 Raoul 的电影。2006 年，我看到了这个精彩的影像故事。

Raoul 的生活随着 Phyllis 的中风发生了天翻地覆的变化。他开始带着他的 Mac 电脑每天在 Phyllis 休养的坎布里奇市 Youville 医院度过。有阵子，George Mackey 也住在同一家医院。那些日子里，Raoul 经常来我家吃晚饭。我们坐在厨房的餐桌旁吃着烤箭鱼或青鱼。有时也谈谈音乐。Raoul 很钦佩我的竖琴手朋友 Ursula 的精湛技艺。对很多人来说，Raoul 扮演着一个父亲的角色，但 Ursula 被他吸引是因为他对其他需要援助者表达的同情心和他对这个世界上各种问题的理解。Raoul 解释说，比起他们在坎布里奇的多层联排住宅，搬去加州会让他和 Phyllis 的生活容易得多。很多朋友看到他们的离开都很伤心。

Raoul 和 Phyllis 离开坎布里奇的前一晚，数学系在教授俱乐部举行了晚宴。其他大多数人离去后，我给了 Raoul 一瓶极好的波尔多葡萄酒。有时我和 Raoul 通电话，通过一根连接坎布里奇和加州卡尔斯巴德（Carlsbad）的纽带，听到他的声音和一些消息让我很欣慰。在 2005 年下半年的某次通话中，Raoul 告诉我他把那瓶波尔多葡萄酒留在了坎布里奇他女儿 Candace 处。她正要第二天把酒带到加州的家庭聚会上分享。当时我没有意识到 Raoul 在跟我告别。不久以后消息传来，我哭了。

丘成桐

　　　　丘成桐先生回忆 Raoul Bott 对他在数学、个人和专业上的影响。

我第一次遇见 Raoul Bott 是大约 40 年前，他短暂访问陈省身先生和伯克利（Berkeley）数学系的时候。当时 Bott 已是一个伟大而著名的数学家，而我只是一个研究生。我的老师陈省身先生对他的一篇关于 Kähler 流形陈数局部化的文章很感兴趣，已经在研讨班上讲了好几次。当然 Bott 优美的理论给我留下了深刻的印象，但当时我没有料到，这个理论很长时间以后会被发展成几何中一个极有价值的计算工具。我和我的合作者连文豪与刘克峰用这个理论证明了镜对称猜想（该猜想也被 Giventa 独立解决），这是更广泛的卡拉比–丘流形理论的一部分。

1971 年，Bott 在普林斯顿高等研究院组织了一个关于叶状结构的特别研讨课程。由于我即将从伯克利毕业，高等研究院是一个对我很有吸引力的地方。我向一些大学递交申请以后，拿到了几个不错的职位。虽然我可以在其他地方得到更高的薪水，但陈省身敦促我去高等研究院待些时候，一部分原因就是 Bott 的课程。然后我就去了，那一年是极大的享受。在高等研究院，我对构造具有特殊曲率性质的度量产生了兴趣，并应用到解决拓扑中的问题。比如，我思考了构造正纯量曲率的黎曼度量来制造一个流形上有非阿贝尔群作用的阻碍（后来基于此想法，我和 Lawson 合写了一篇文章）。通过研究在圆作用下的微分形式外积，我找到了流形上存在拓扑的圆作用的阻碍，这些阻碍存在于流形的上同群环。我给 Raoul 看了我在群作用方面的工作，他很高兴，他的鼓励对像我这样的一个年轻人来说非常重要。

后来，Raoul 和我有了更多的交流。在我证明了卡拉比猜想，以及与 Richard Schoen 一起证明了正质量猜想后，他努力说服我去哈佛大学。一开始我没有接受。在那个过程中，他几次邀请我和我的妻子去他家吃晚餐。当时他是哈佛大学邓斯特宿舍的主任。他在本科生身上投入的时间和精力令我深受启发。我真诚地感激他在我访问哈佛期间热情的款待。作为回报，1980 年他在陈省身先生的邀请下访问北京时我也试图好好招待他。在那次访问期间，我提出给他起一个中文名字——伯乐。伯乐是中国历史上被誉为有能力识别千里马的著名人物。除了含义合适，这个名字的发音也贴切他的本名，"伯"是最接近"Bott"的中国姓氏，中文发音中也找不到比"乐"更接近"Raoul"的汉字了。Raoul 告诉我，他很喜欢这个中文名字。

我生命中的关键时候是我在加州州立大学圣地亚哥分校数学系碰到一些麻烦。我需要帮助来做一个决定。在 Raoul 访问伯克利的时候，我飞去奥克兰与他共进晚餐。晚餐过后我们就我的未来谈了很久。像一个真正的政治家一样，他列举了我应该做的决定的利弊。与他交谈后，我觉得大大地松了一口气，并做出了我职业生涯中最重要的决定，那就是来哈佛大学，我从来没有后悔这个决定。

图 16　Michael Atiyah 和 Raoul Bott 看着一大群蚂蚁，Cargèse，科西嘉，1979 年 7 月

当然，我在哈佛大学这些年从 Raoul 身上学到了更多的东西，无论是政治家风范还是数学方面，他处理系事务时显得格外熟练。他去世的时候，我感到非常伤心。我在一个微分几何杂志的会议上谈了他一生的工作。为了给谈话做准备，我研究了他对数学的贡献。我惊奇地发现他创造了那么多成果，而且有许多是我以前不知道的。

Raoul 肯定跻身于 20 世纪最有影响力的数学家之中。他的工作深刻，眼光深远，影响持久。愿他的精神永远与我们同在！

杜武亮

杜武亮与 Raoul Bott 合写了《代数拓扑中的微分形式》一书。早在 Bott 去世前就动笔的第二卷《等变上同调基础》在 2014 年面世。

把问题变成你自己的

我第一次遇到 Bott，是在哈佛大学教授俱乐部举办的数学研究生新生欢迎午餐上。Raoul 给了我们一些如何写博士论文的建议。他说，写论文就像做一道作业题，不过是一道更难的题目。最后他说，"把那个问题变成你自己的。"我很困惑，"把问题变成自己的"是什么意思，但没有胆子问。当时我想，那感觉也许就像某种难以描述的水果味道，只有吃过的人才明白。

图 17　从左至右：Raoul Bott，John Imbrie（穿白衬衣，脸被部分遮盖），Michael Atiyah 和 Konrad Osterwalder 在数学物理暑期班，Cargèse，科西嘉，1979 年 7 月

几年以后，我在密歇根大学做助理教授时，我的博士论文导师 Phil Griffiths 来访。我去机场接他，然后开车去一家餐馆。在车里，我们开始讨论一个数学问题。我沉醉于其中，完全忘了时间、地点和方向。直到一个警察

给我开了一张在单向道逆向行驶的罚单我才回过神来。

图 18 前景，从左至右：Susan Bombieri，Enrico Bombieri，Phyllis 和 Raoul Bott，丘成桐，Michael Atiyah。背景：Lars Gårding 在最右后方。故宫，北京，1980 年

Griffiths 帮我出主意，"跟法官说，你是在想数学问题才走错道的。"我去法庭申诉罚单的时候就照着他说的做了。法官看了一眼我的驾驶执照说，"你的住处离这条街只有一个街区。你没有理由走错！"法官罚了我 75 美元。那时，我终于明白了，Raoul 说"把问题变成你自己的"是什么意思。我觉得那意思是说，完全被一个题目吸引，以至于把其他什么都忘了，就像灵魂附体一样。

这样的事在我身上还发生过几次，在去机场的地铁上错过了站，半夜想到了答案从床上跳起来。每次都感到，我终于把一个数学问题变成自己的了。

Bott 作为老师

Bott 的课极富传奇色彩。他可以用简单易懂的语言解释无论多难懂、复杂或抽象的概念。他的课总是讲得清晰而令人激动。他让你感觉学到了什么，虽然有时你并没有。当然他的课非常受欢迎，选课的学生很多。不仅是哈佛大学的数学研究生，其他院系和学校来上他课的老师和学生也受益匪浅。物理学家 Cumrun Vafa 提到 Bott 的课改变了他对现代数学的理解，对他后来的研究产生了深刻的影响［2，p.277］。同样，Edward Witten 也归功于 Bott 的课教会了他几何与拓扑中的技巧，比如 Morse 理论和等变上同调，在他超对称的工作中起了关键作用。

Bott 总是看上去很乐意在教室上课。他的课非常好玩。每堂课都有自然而发的欢笑声。这并非来自于事先的演练或准备的笑话，而是因为他与生俱来的幽默感、独特的看法、丰富的语言和一流的表达。在他的手里，构造一个谱序列会很有意思。他总是注重中心思想和简单而有启发性的例子。

权威

有一年，Bott 讲授第二学期的复分析，选的教材是 Lars Ahlfors 的《复分析》。某一次他给了一个和课本不一样的定义。现在的学生经常把课本当成绝对的权威，于是有人举手脱口而出，"但是 Ahlfors 不是那么说的！"Bott答道，"是，但 Bott 是那么说的。"与平常一样，Bott 对事物有自己的理解，没打算完全忠实于任何一本书。事实上，他教拓扑课也不是完全照着他自己编的书，因为通常在书出版的时候，他对问题的理解也已经进化了。

图 19 从左至右：江泽涵，陈省身，段巽孚，廖山涛，Raoul Bott，丘成桐，吴光磊，丘夫人（穿连衣裙），北京，1980 年

图 20 Raoul Bott，John Tate，Jean-Pierre Serre 在致敬 O. Zariski 和 L. Ahlfors 的招待会上，哈佛大学数学系图书馆，1981—1982 年冬天

强征来的演讲

20 世纪 80 年代初的某一天，哈佛大学科学中心三楼的数学系布告栏张贴了一个告示。乍看和其他公告一样，却有一点点不同。公告开头写道，"应强烈要求，Raoul Bott 教授将给出一个题为'Atiyah-Singer 指标定理：到底是什么'的演讲"。演讲的日期、时间、地点都写得明明白白。这个海报不寻常的地方是 Raoul Bott 名字的边上打了个星号，并在最底下作了注解："请通知演讲者"。

到了那一天，演讲开始前几分钟，教室坐满了人。没人有胆量去通知演讲者；所以大家都在想，Raoul Bott 会不会来。到时间时他来了，讲了几个笑话，然后在规定的一小时内做了关于 Atiyah-Bott 不动点定理和 Atiyah-Singer 指标定理的精彩演讲。

介绍费

没有什么能比在 2005 年 3 月举行的普林斯顿高等研究院成立 75 周年庆祝活动，更能显示 Bott 强大的说服力了。在那次会议上，他做了一个回顾演讲：20 世纪 50 年代的高等研究院如何改变了他的人生，使其事业走上了正轨（图 37）。会议结束后几天，高等研究院的 Bob MacPherson 教授打电话告诉他，那天有一对夫妇被他的演讲深深感动，给高等研究院捐了两百万美元。Bott 给我讲了这个故事，然后加了一句，"我应该问他们要介绍费的。"

酒

因为我的家人都滴酒不沾，读研究生时我对酒一窍不通。某一天我觉得应该补补这方面的知识。Raoul 看上去像是个很懂行的人。就像一些学生向他询问好的拓扑学参考书一样，一天我在电梯里遇到他，就问道，"Bott 教授，你能给我推荐一些酒么？"他狡狯地侧目看了我一眼，说"糖果很好用，但酒精更快！"（Candy is dandy, but liquor is quicker! 这是一句美国俗语，暗指引诱女人的方法。——译注），然后说了几个牌子。至今我还记得这句俗语，却已不记得他所推荐的酒牌子。

合作写书

当我开始和 Raoul 一起写《代数拓扑中的微分形式》的时候，我还是个研究生。他觉得我们两个一起工作非常合适，因为作为研究生，我对学生可能遇到的困难能亲自体验。我想 Raoul 没有料到这会占用我那么多的时间。最后我很高兴和他一起写了这本书。对我来说，我是一个学徒，从一个大师那里学到了很多的数学知识。

图 21　从左至右：Joan Glashow，Dorothy Haag，Rudolf Haag，Sheldon Glashow，Arthur Jaffe，Barbara Dauschke，Raoul Bott，Phyllis Bott，Klaus Hepp，Konrad Osterwalder，Walter Kaufmann-Bühler。为《数学物理通讯》的创始编辑 Rudolf Haag 举办的晚宴上，麻省坎布里奇 Harvest 餐馆，1982 年 9 月

Raoul 对这本书很满意。在一次讲座中，正好我也在，他提到了几个事实（具体什么我记不清了，也许是 de Rham 上同调或谱序列），然后对听众说，这些事实都可以在"圣经"中找到。短暂的疑惑之后，大家明白他指的是我们合写的书。作为一个虔诚的基督徒，Bott 把我们的书比作圣经是最高的称赞。

虽然我们打算写第二册，但第一册写完后，Raoul 不再提起，也许他不想我再经历一次花这么多时间的事。多年以后，我建议合写第二册。书名叫《等变上同调基础》。我们一起在第二册上工作了很多年。我主要的遗憾是，他在世的时候没有完成，但我想它很快就会面世了。

写书的时候，Raoul 经常对我说，"要说清楚别人的贡献"。人的本性使然，我们

图 22　1984 年向 Raoul Bott 致敬的学术会议海报，上面有艺术家兼拓扑学家 Anatoly T. Fomenko 描绘 Bott 周期性定理的水墨画

都有可能高估了自己的贡献，相反低估了他人的。现在，每当我的私心要呼之欲出的时候，我就想起 Raoul 对我的教导。

我想我们相处愉快的一个原因是，我受过中国传统的严肃的儒家家庭教育，对 Raoul 待人处世的幽默感到特别新鲜。从 Raoul 的观点，他说，随着

年长，他越来越欣赏儒家对长者的尊重。

个人的幸福

Raoul 一生都喜欢逗弄别人。他调侃每一个人：他的妻子、孩子、朋友、同事，甚至学生。他对我也一样。

他对我的关心甚至延伸到我的个人生活。我在哈佛大学读研究生时，Nancy Hingston 也是学生。Nancy 是我的好朋友，Raoul 非常器重她。我记得在一次会议上，Raoul 曾经用他的胳膊搂着她的肩膀，向公众惊呼，"我最优秀的学生！"Nancy 结婚的那一天，Raoul 对我说，"Loring，你错过机会了。"

灰尘团

在密歇根大学担任助理教授的第一年，我远程和 Raoul 一起写《代数拓扑中的微分形式》。那年夏天，我回到哈佛大学，以方便我们的合作。当时 Raoul 和他的妻子 Phyllis 是邓斯特宿舍的主任，邓斯特作为哈佛本科生宿舍里面住了 300 名本科生。舍不得自己花钱租房子，我问 Raoul，在邓斯特宿舍是否有客房让我居住。他爽快地答应了。

那是附属主人住所的一个房间，但有一个单独的入口。这样我保留了自己的隐私，也能到主人的居所使用厨房和饭厅。为了不打扰 Raoul 和 Phyllis，我通常不那样做，除非他们不在家。那时候，Bott 夫妇在玛莎葡萄园岛有一座别墅，夏天很大一部分时间他们在那里度过。我偶尔去葡萄园岛和 Raoul 合作，要不然就等他回到坎布里奇的时候。

图 23　1987 年从里根总统手里接受美国国家科学奖章

作为邓斯特宿舍的主任，Raoul 和 Phyllis 经常需要大规模地招待客人，比如学生和家长，所以哈佛大学给他们提供了住家帮手，他们通常是非数学专业的研究生。住家帮手住在 Bott 夫妇的楼上。那年夏天，我发现自己和三个年轻的女孩同住在邓斯特宿舍主任住所，她们是那年的住家帮手。

图 24　在哈佛大学科学中心，背景中是 Lars Ahlfors，1988 年

这个夏天 Raoul 第一次回来的时候，对我们四个人很恼火，因为我们一直生活在肮脏中（但不在罪孽中）。他指着到处的灰尘团，说"看看这个!"那三个年轻女孩没有习惯打扫屋子，因为学年期间哈佛大学有保洁员。至于我，在我生命的那个阶段，无视灰尘团，在我眼里它们根本不存在。奇怪的是，就像 Raoul 给我看了他的不动点定理以后，我随处可见不动点现象一样，自从 Raoul 给我指了那些灰尘团，我开始发现灰尘团无处不在。自那以后，每次 Raoul 回坎布里奇的前夕，我和我的三个室友都会把主任住所从上到下打扫干净。

书的合同

灰尘事件是我仅有两次见 Raoul 生气的其中一次。另一次是关于我们书的合同。我们写书的时候，向一些同事和学生传阅手稿征求意见。可能因为 Raoul 的名气，出版商大力追捧此书。Springer 的数学编辑 Walter Kaufmann-Bühler 和 Birkhäuser 的编辑 Klaus Peters 都来到哈佛大学，向我们游说他们的系列丛书。当时 Birkhäuser 是一个独立的出版商（Birkhauser 后来成为 Springer 的一部分）。我们选择了 Springer，不仅因为其悠久的历史和质量上良好的声誉，也有部分原因是 Springer 提供更高的版税。

图 25　Phyllis 和 Raoul 在玛莎葡萄园岛，20 世纪 80 年代

　　书出版以后，Kaufmann-Bühler 很高兴，他告诉我，"书像热蛋糕一样太好卖了"。几年以后他去世，Springer 的编辑换了好几次。有一天，一个新编辑给我发了一封信，诉说 Springer 的财政困难，恳求 Raoul 和我签署一份版税较低的新合同。

图 26　"划，划，划（音同 Raoul）你的船（音同 Bott）。" Squibnocket Pond，玛莎葡萄园岛，1989 年

　　我想，对 Raoul 来讲，版税根本不是问题；但对我这样一个低薪的助理教授来说，版税就重要得多。拿着信，我走进 Raoul 的办公室，看上去非常担忧着急。当 Raoul 看见我并读了这封信以后，他非常生气。他说，"他们签订了一个合同，（就）这么倒霉（么）。"他于是给编辑打电话。以他一贯威严的口气，坚定地告诉编辑，我们无意重新谈判合同。事情就这样结束了。Springer 做了退让，似乎从此蓬勃发展。

写作风格

2008 年在蒙特利尔的一次会议上，Michael Atiyah 说，有一天数学史家可能会分析数人合写的论文，弄清楚谁写了什么。在某些情况下，这可能很容易。Raoul 极其注重风格。他的写作精辟。他用一种丰富多彩、独特的方式表达自己。人们经常主动跟我说，他们多么喜欢我们的书。有时，仿佛为了证明他们读过，他们会引用最喜欢的段落。令我懊恼的是，这些通常都不是我写的。

睡在另一个女人的床上

Jane Kister 是 20 世纪 70 年代牛津大学的一位年轻的逻辑学家。1978 年秋天，Jane 刚与拓扑学家 Jim Kister 完婚，就在麻省理工学院休假一学期。在哈佛大学的一次招待会上，Raoul 搂着她，并宣布，"我在这个女人的床上睡过。"Jane 的脸变得通红。事情是这样的。1977 年春天，Jane 也在外休假，她把在牛津的房子租给了 Bott 夫妇。Raoul 的确在 Jane 的床上睡过，只是不是和她同时。

20 世纪 80 年代初访问英国的时候，Raoul 认为他也在伊丽莎白女王的床上睡过；当然，女王不在。在他的文集中，他把突然与 Michael Atiyah 一起，洞察到等变上同调与力矩映射的关系归功于这个经历 [3，Vol.4，p. xiii]："也许这和我在伊丽莎白女王昔日的床上度过的那个夜晚有关！"根据最近 Atiyah 提供的信息，女王是维多利亚，而不是伊丽莎白。Atiyah 当剑桥大学 Trinity 学院院长时，Raoul 曾来拜访，和 Atiyah 夫妇住院长宿舍。维多利亚女王在她的时代，和她的驸马阿尔伯特亲王，的确作为客人在 Trinity 学院住过，他们使用过的四柱床成了客床。

图 27　Raoul 开（不是他的）船

图 28　Raoul Bott，1991 年

讲课准备

有一年，我在密歇根大学的时候，Raoul 被邀请在一个很有声望的系列讲座中做报告。Raoul 访问 Ann Arbor 的时候，住在我的一居室公寓里。讲座当天的早上，他在写笔记。写了 7 页以后，他说，"这足够了。一小时之内我不能讲多过 5 页。"我发现这是个有用的经验法则：5 到 7 页手写的笔记大约适合一小时黑板板书的演讲。从 Raoul 悠闲而节奏适度的 5 页手写笔记展开的一小时讲座中，我学到了比从其他人信息量密集的 50 张幻灯片中更多的东西。

又一次惊险的逃脱

Raoul 的生活似乎很幸运。他在纳粹入侵前离开了他的家乡匈牙利／斯洛伐克，在 Stephen Smale 组织的一次远足中差点淹死，在必须有签证而他没有签证的情况下访问了印度。在 Ann Arbor，他又捡回了一条命。

图 29　Phyllis 和 Raoul 在玛莎葡萄园岛，20 世纪 90 年代

Raoul 在 Ann Arbor 的访问结束以后，我开着我的福特 Maverick 送他去 20 英里外的底特律国际机场。那是辆二手车，我从一个快要离开密歇根大学的博士后那里买来的。我买了车不久，就发现变速器润滑油有泄漏，但泄漏的速度很慢，每天只有一两滴，似乎不值得为此更换整个变速器。在驶往机场的高速公路上，汽车的引擎盖下开始冒烟。我们有点担心，但 Raoul 要赶飞机，机场又离得不是很远，所以我继续全速行使。

当我们抵达机场时，引擎盖下白色浓烟滚滚，车子坏了。它看上去有可能爆炸。Raoul 慌忙去赶飞机，我跳下车子。回到波士顿以后，他打电话给我，以确认我是否还活着。

图 30　Raoul Bott，George Mackey 和 Arthur Jaffe 在 Arthur Jaffe 的婚礼上，Lime Rock，康涅狄格州，1992 年 9 月 12 日

邓斯特宿舍的烤箱事件

　　Raoul 应对学术界的政治游刃有余。他和 Phyllis 做了六年邓斯特宿舍的主任。他们卸任以后，另一位教授被任命为主任。为了区别他和 Raoul，我称他为新主任。新主任是个非常好的人，但他的任期有一些争议。我举一个例子。它源于一个烤箱。

　　一些犹太学生为了遵守犹太人戒律，不想吃食堂的东西。他们向新主任提出买一个烤箱，以便加热自己的犹太食品。新主任买了一个给他们。邓斯特宿舍的一名家教（学术顾问）是一个原则性很强的活动家。他给学生报刊

图 31　20 世纪 90 年代在哈佛大学讲课

《哈佛深红报》写了一封信，批评使用内部资金购买烤箱；因为在他看来，这是偏袒某一特定宗教的行为，如同违反了我们共和国的创始原则：教会与国家分离。

图 32 Raoul Bott，Isadore M. Singer，Friedrich Hirzebruch 和 Michael Atiyah 在《微分几何杂志》重聚晚宴上，麻省坎布里奇，1999 年。指标理论的四位创始人手持 Milen Poenaru 创作的描绘他们工作的画

新主任解雇了这名家教。《哈佛深红报》刊登了更多的来信，不再是关于烤箱，而是关于新主任的领导能力。其他家教写信指责新主任专制，偏袒某些家教。有呼吁新主任下台的声音。学生们在哈佛大学广场组织示威，支持被解雇的家教。哈佛大学医学院分子遗传学系前主任，同时也是邓斯特宿舍高级公共寓所成员的 Edmund Lin 教授，写信给哈佛大学校长 Rudenstein，要求新主任辞职。只有在哈佛，才会由一个烤箱引起一场关于宪法原则的激烈争论。当时正是新主任的五年任期续期的时候。Rudenstein 校长要求与 Raoul 会面，显然因为他看重 Raoul 的判断。Raoul 知道我是 Edmund Lin 的好朋友，所以问我是否知道发生了什么事情。我的确知道，不仅因为我和 Edmund Lin 的友谊，也是因为我每天都看《哈佛深红报》。Raoul 不看学生报纸。

我向 Raoul 解释了事件的缘由，他的第一反应是，"一个制造麻烦的活动家？你永远不应该解雇这样的人。如果你那样做，会带来无尽的麻烦。你应该给他终身职位！"Raoul 很会远离麻烦。当然，这不意味着他会给每个活动家终身职位。他的意思是，在这件事情上，还不至于到解雇这个家教的地步。Raoul 然后若有所思地说道，"我当主任的时候，Edmund Lin 总是那么安静。他一定认为我干得不错。"

说来也巧，新主任是来自印尼的中国人，他特别喜欢的也是被指责偏袒的那名家教是华裔美国人，呼吁新主任下台的教授则是来自中国的中国人。Raoul 转而问我，"这是一场对我们西方人来说高深莫测的中国斗争吗？"

我不知道他对 Rudenstein 校长说了什么。Rudenstein 续签了新主任的合同。学生毕业后，这场争议慢慢地平息了。Edmund Lin 后来告诉我，"我相信是 Raoul 救了新主任一命。"

外语

Raoul 有美好的自嘲式的幽默感。他是一个天才的语言学家。他讲一口流利的德语、匈牙利语、斯洛伐克语，更不用说他是一个英语的高手。但是一个人可以学的或需要学的语言有限。我喜欢他学意大利语的经历。某次去意大利开学术会议之前，他买了一盒意大利语课程的磁带。通过重复磁带上的句子，他学了两个星期的意大利语。当他到了意大利，他发现除了一句以外，已经忘了所有的句子。他告诉我，他会说的那一句意大利语是 "Ascolti e ripeta"，意思是 "请听后照着我说"。

数学以外的活动

尽管在数学上有惊人的产量，Raoul 也找时间做其他的事情。作为邓斯特宿舍的主任，Raoul 和 Phyllis 积极参与大学生的生活，与他们一起用餐，与他们的父母见面，并组织和参加邓斯特宿舍的文化活动。Raoul 的钢琴弹得很好，水平到了可以给公众表演的程度。他很有雅量，参加了一个本科生的戏剧《窈窕淑女》，在里面扮演一个匈牙利的语言学家。在一次万圣节派对上，Raoul 和 Phyllis 打扮成海盗王和年轻的少女，但是两个学生因为扮成 Raoul 和 Phyllis 夫妇而大抢风头！那个男学生留着大胡子，顶着一头灰白的头发，更绝的是，他还背着 Raoul 独有的公文包（图 15）。

Raoul 是一个狂热的游泳爱好者，又是玛莎葡萄园岛允许裸体的海滩的常客，因此赢得了 "露西文森特海滩市长" 的绰号。他打网球，骑自行车上班。有一次我去他家，他自豪地向我展示一些厨房装修，他说，他只用一个电动刨刨机就干成了所有这些。

物质享受

从 Raoul 身上我学到了，终生奉献给知识的追求和享受物质的东西并不冲突。

Raoul 在玛莎葡萄园岛买了一幢漂亮的房子。虽然房子不在海边，但它被广袤的野生植被包围，可以一览无余地看到大海。他的产业上还有一条小溪。由于大部分的房子隐藏在茂密的枝叶中，在 Raoul 的房子只看到大自然的景色，而没有其他人类居住的痕迹。有一天，另一间屋子冒了出来，高耸在树冠之上，从 Raoul 的窗口看得一清二楚。这是本来纯净的大自然中唯一能看到的一间屋子，Raoul 说很突兀，但是他也看得开，毕竟他的房子可能也扰了其他业主的风景。

我们一起写《代数拓扑中的微分形式》时，Raoul 嘲笑我在上面花费了大量的时间，问我是否觉得用预期的稿费算出来最低工资标准。然后他说，"我想（用稿费）买艘船。"我以为他在开玩笑，但几年以后，他真的买了一艘船。

Raoul 迷恋汽车。一次访问中，他自豪地向我展示他的收藏品，一个学生送给他的一个 2 英寸的捷豹复制品。最后，他在 74 岁时买了一辆宝马，例证了他给我的另一个建议："好好享受生活"。

矿物收藏

与 Raoul 交谈的乐趣之一是他经常提出意想不到的观点。20 世纪 90 年代初，Raoul 在信箱里收到了 Steve Smale 和 Clara Smale 夫妇收藏的无价天然水晶的目录集，那些可爱美丽的照片都是 Steve Smale 自己拍摄的。Raoul 在他的办公室里给我看了这个册子，在欣赏令人叹为观止的美丽矿物的同时，他说，"这真是个躲避遗产继承税的好办法！你只需要给你的孩子几样这样的东西。"当然，他不是提醒我如何规划遗产，而且我也没有财富或孩子可以从中受益。但是，这就是 Raoul 的特点，他对任何事情都有自己独特的视角。

实用的建议

博士刚毕业的时候，有一次我去玛莎葡萄园岛找 Raoul 一起写我们的书。坐在长凳上环顾他美丽的产业，他对我说，"Loring，买土地。"当时我太穷了，什么都买不起。但是，时间证明他的建议非常明智，特别是当土地在像玛莎葡萄园岛这样好的地方。

Raoul 对生活的观察之一对我的心理平衡起到了至关重要的作用。1949—1951 年他在普林斯顿高等研究院的时候，曾经和他的匈牙利同乡（当时高等研究院的一名教授）John von Neumann 有过一次交谈。Von Neumann 告诉 Raoul，他只知道一个伟大的数学家，那就是 David Hilbert。他自己年少的时候是神童，他一直觉得自己辜负了期望。Raoul 在文献 [3] 的第 4 卷第 270 页中写道，"所以你看，要被认为不够好不难——人们只需一个合适的测量杆。"如果连 von Neumann 都觉得自己的成就比不上 Hilbert，我们这样的普通人又有什么希望对自己的事业满意？Raoul 给我讲述了这件事情以后，我下决心永远不拿自己和别人比较，尤其是和取得伟大成就的我的朋友和同学们。

我很幸运，找工作的时候碰上了短暂的好时光，当时有很多岗位空缺，所以我实际上有几个选择。塔夫茨大学有良好的声誉和优秀的同事，但是促成这个决定的还是 Raoul 对我说的一句话，"如果有你在后院会非常好"。地址的接近使我们的合作更加方便。搬到塔夫茨大学之后，我和 Raoul 还一起合作了几个联合项目，也有幸聆听了他更多的课程。

最喜爱的定理

2001 年，我在写"Raoul Bott 的生活与工作"时，采访了 Raoul，我让他列举三个他最喜欢的自己证明的定理。他觉得很难办，说这就好像问他最喜欢他的哪个孩子。最后，他想出了五个——椭圆链复形的 Atiyah-Bott 不动点定理不在其中。

2006 年 1 月，Raoul 的追悼会后，Michael Atiyah 给了一个令人信服的讲座，讲述为什么 Atiyah-Bott 不动点定理应该是 Raoul 最喜爱的五大定理之一。我想，Raoul 应该会同意。他所举的五个定理的单子，也许不应该太当真。那是 Raoul 一时兴起想到的，但事实上他不能把他最喜爱的定理都放进去。最后，在我的文章中，除了五大定理，我还另加了十三个。

沃尔夫奖

Raoul 经常说，这世界上有两种数学家：聪明的和笨的。聪明的是像 Michael Atiyah 和 Jean-Pierre Serre 这样的，他们迅速地理解新的想法。他把自己归类为笨数学家，因为他理解起来很慢。也许是这样，但他的理解是深刻的，他那许多美好而深刻的定理可以证明这一点。如果他不懂一个东西，他会毫不迟疑地说出来。他被授予沃尔夫奖时，告诉我，他很荣幸，因为他与 Serre 分享这个奖。

他们其中一个必须在以色列议会发表讲话。据 Raoul 说，Serre 希望他给出演讲，因为 Serre 觉得 Raoul "有更好的舞台表现力"，而且 Raoul "外表比较像数学家"。但是，如何向以色列的国会议员解释他们因此获奖的数学研究？这是纯数学家被要求解释他们工作时常遇到的难题。Serre 想到了一句妙语，被 Bott 纳入了他的以下演讲。

> 总统先生，议会议长先生，教育部长先生，外交使团成员们，亲爱的同事和客人们：
>
> 我非常荣幸站在这个美丽的议事厅，在这么杰出的众人面前，代表 Jean-Pierre Serre 和我自己接受沃尔夫数学奖。
>
> 谢谢你们。
>
> 仅在我们的学科领域，以往的获奖者就包括了我们年轻时心目中的英雄和我们所珍爱的朋友。在此领域之外，谁会不感到高兴和谦卑，被列入这份以 Marc Chagall（著名画家，首届沃尔夫奖获得者——译注）开头的名单？
>
> 在这里，我首先感谢 Ricardo 和 Francisca Wolf 设立了与我们不断缩小的星球最基本的需要共进的基金会。他们目的之普遍

性不言自明：

"为了促进造福全人类的科学和艺术。"

他们看到了艺术和科学的共性，把融合这两方面的数学包含在他们的慷慨遗赠中，这让人深受启发。

但是，我们也倍感荣幸，一个小而相对新的国家，尽管她的议程上有那么多紧迫且——如果用我们的数学行话来说——非平凡的问题，仍然花时间来授予这个最高水平的奖项。在这个主要关注更加世俗的东西的世界里，这种行为本身就是令人感动的对精神生活的敬意。

不幸的是，"数学"这个词本身就令大多数凡人心生恐惧。所以，在这里我要简易地解释我们的领域。我想最好的方法是向你们透露，比我年轻却更有智慧的 Jean-Pierre Serre 如何劝诱我做获奖感言。他说道，"如果我去演讲的话，那么我会说，其他科学旨在寻找上帝为这个宇宙定下的规则，而我们数学家则寻找连上帝也必须遵循的法则。"我当然不能让他来说这样的话！

但是，这个小玩笑后，我肯定没有时间了！

不过，请允许我再说两句感谢的话。首先感谢这个委员会，他们的记忆足够长，在这么多优秀和年轻的候选人中选了我们。最后感谢我们的家人，特别是我们的妻子，她们容忍了一辈子我们心不在焉的方式，她们是我们在现实生活中的船锚。

图 33　Jean-Pierre Serre 和 Raoul Bott，约 2000 年

图 34　从以色列总统 Ezer Weizman 手里接受沃尔夫奖，2000 年

最后的岁月

2004 年秋天，Phyllis 因手术变得行动不便以后，Bott 夫妇搬去了加州。加州全年的好天气允许轮椅上的 Phyllis 有更多外出活动的机会。在［5］中，我提到了一些 Raoul 和我的生命中的巧合，我们去过同样的地方，麦吉尔、普林斯顿、哈佛、密歇根，无论他去哪里，几十年以后我也去了，有时只在附近。最后的巧合是，Bott 夫妇搬去的镇，加州 Carlsbad，离我父母家只有 25 英里！所以我很容易继续去拜访他们。

他们搬家后不久，Raoul 就被诊断为肺癌。虽然预后很糟糕，他还是和往常一样开朗。他这么对我解释化疗的原理："它试图在杀死你之前杀掉癌细胞。"他面对死亡

图 35　重游童年故居，Dioszeg，斯洛伐克，2002 年

泰然处之。当我问他是否有一天会回到麻省，他指着地说，"我要去那里。"[1]

经常有人说，数学是年轻人的游戏。Raoul 的一生是一个特别鼓舞人心

---

[1] Raoul 被埋在他心爱的玛莎葡萄园岛的 Chilmark 公墓，他最终还是回到了麻省。

的反例。在他去世前三个星期，我看到他。我和他一起做一个辛商体积的问题。他的精神状态极好。他向我解释了看待这个问题的一种新方式，大大简化了问题本身。我叫道，"这真简单！"他说，"我喜欢的都是简单的。"

82 岁高龄身患癌症的他还在试图理解辛商上的积分。Victor Guillenmin 和 Jaap Kalkman 有一篇文章是讲这个的，但是他想用自己的方式理解它。很显然，他这么做的动机不是任何外部的奖励，比如 NSF 研究基金，或者更多的荣誉。他只是想理解。他是一位真正的数学家。

他的一生向我们展示了什么是人力可为的。他继续做出美妙的发现，发表重要的文章，直到生命的最后一刻。

英国皇家学院

在他生命的最后一年，Bott 入选英国皇家学院。英国皇家学院可追溯至 1660 年，汇集了科学史上的杰出人物。每一个新会员在一本包含所有以往和现任会员签名的书中签名。出于健康原因，Bott 不能够去伦敦签名，但曾任皇家学院会长的 Michael Atiyah 把书中 Bott 应该签名的那一页带到了加州。作为参考，Atiyah 还带来了前面签名页装订好的扫描副本。入会仪式于 2005 年 10 月在加州大学圣塔芭芭拉分校的 Kavli 理论物理研究所举行。

一个月后，我去加州看 Raoul 时，他兴奋地向我展示他那本皇家学院签名册中的书页，嚷道，"看这个！Christopher Wren！Isaac Newton！George Stokes！Kelvin 勋爵！"对一个科学家而言，这可能是最好的归宿。

图 36 杜武亮和 Phyllis 及 Raoul Bott，波士顿，2004 年

图 37　在普林斯顿高等研究院成立 75 周年纪念活动上演讲，2005 年 3 月

图 38　在加州大学圣塔芭芭拉分校举行的入选英国皇家学院仪式，2005 年 10 月

参考文献

[1]　M. F. Atiyah, Raoul Harry Bott, Biographical Memoirs of Fellows — Royal Society 53 (2007), 63–76. Reprinted in *Bull. Lond. Math. Soc.* 42 (2010), no. 1, 170–180.

[2]　P. R. Kotiuga, *A Celebration of the Mathematical Legacy of Raoul Bott*, CRM Proceedings & Lecture Notes, vol. 50, American Mathematical Society, 2010.

[3]　R. D. MacPherson, *Raoul Bott Collected Papers*, Volumes 1–4, Birkhäuser, 1994–1995.

[4] L. W. Tu, The life and works of Raoul Bott, in *The Founders of Index Theory: Reminiscences of Atiyah, Bott, Hirzebruch, and Singer*, edited by S. -T. Yau, International Press, Somerville, MA, 2003, pp. 85−112. An updated version appeared in the *Notices of the American Mathematical Society* 53 (2006), 554−570.

[5] L. W. Tu, Reminiscences of working with Raoul Bott, in *The Founders of Index Theory: Reminiscences of Atiyah, Bott, Hirzebruch, and Singer*, 2nd ed., edited by S. -T. Yau, International Press, Somerville, MA, 2009, 157−160.

[6] L. W. Tu, *Raoul Bott: Collected Papers*, Volume 5, Springer Basel AG, to appear in 2014.

[7] S. -T. Yau, *The Founders of Index Theory*, 2nd ed., International Press, Somerville, MA, 2009. (一本好书，除了杜武亮的名字在他撰写的两篇文章中被印错了。)

致谢，照片来源与归属

杜武亮感谢 Phyllis Bott, Jocelyn Bott Scott 和 Candace Bott 核实他对 Raoul Bott 回忆部分的基本准确性；感谢 Michael Atiyah, Jeffrey D. Carlson, George Leger 和 Stephen J. Schnably 提出的宝贵意见；感谢 Christine di Bella, 郑绍远, M. S. Narasimhan, Bernard Shiffman 和 Carol Tate 识别照片的年月和其中人物；并感谢以下提供照片的来源：

图 1（摄影师：Bachrach）：来自 Robert Bachrach。

图 2, 3, 4, 6, 7, 8, 9, 12, 15, 23, 25, 26, 27, 28, 29, 31, 32, 33, 34, 35：来自 Bott 家庭收藏。

图 5（摄影师：Alan Richards），图 11（摄影师不详）：来自 Shelby White 和 Leon Levy 档案中心，高等研究院，普林斯顿，新泽西州。

图 10：来自 David Mumford。

图 13, 14, 20（摄影师：Carol Tate）：来自 Carol Tate。

图 16, 17, 21, 24, 30：来自 Arthur Jaffe。

图 18, 19（摄影师：郑绍远）：来自郑绍远。

图 22（Anatoly T. Fomenko 绘画作品）。

图 36（摄影师：Mary Moise）：来自杜武亮。

图 37（摄影师：Cliff Moore）。

图 38（摄影师：KITP 工作人员）：来自 Kavli 理论物理中心，加州大学圣塔芭芭拉分校。

本文照片由摄影师或所有者许可使用，不准转载。

编者按：原文题目为 Remembering Raoul Bott（1923—2005），载于 *Notices of the AMS*, 2013, 60(4): 398−416. 这是由塔夫茨大学教授杜武亮

协调编辑的纪念 Raoul Bott 的专题系列文章，作者包括杜武亮，Rodolfo Gurdian（Bott 的大学同学），Stephen Smale（1966 年菲尔兹奖与 2007 年沃尔夫奖获得者），David Mumford（1974 年菲尔兹奖和 2008 年沃尔夫奖获得者），Arthur Jaffe（1997—1998 年美国数学学会主席），丘成桐（1982 年菲尔兹奖和 2010 年沃尔夫奖获得者）。中译文略有删改。

谱写人生新篇章：Emil Artin 在美国

Della Dumbaugh, Joachim Schwermer

译者：王航

Della Dumbaugh，现任美国里士满大学数学教授，她以研究 19 和 20 世纪的数学史见长。

Joachim Schwermer，现任奥地利维也纳大学数学教授，研究兴趣包括算术代数几何和自守形式等，对 19 和 20 世纪的数学史颇有研究。

1. 引言

在 1933 年 1 月，阿道夫·希特勒和纳粹党掌控了德国政权。同年 4 月 7 日，纳粹党即抛出"非雅利安血统"[1]的谬论。"[Emil] Artin 最终离开德国只是一个时间问题，"Richard Brauer 后来描述道 [5, p.28]，"因为 Artin 是一个追求正义和个人自由，对人身暴力深恶痛绝的人。"早在 1937 年 1 月 26 日，希特勒颁布关于从 1937 年 7 月 1 日[2]起解除所有犹太（以及与之结婚）雇员公职的法令时，Artin 就已经计划离开德国了。Artin 从前的学生 Natalie Jasny 在 1929 年嫁给 Artin。Artin 虽然不是犹太人，但是他的妻子因祖辈有犹太血统而被纳粹归为犹太人。于是，出于正义感和妻子的原因，Artin 带着他的家人于 1937 年 10 月迁至美国 [19, p.80]。

两个因素出乎意料地组合——一所罗马天主教大学和一位脾气执拗的美国著名数学家，促成了 Artin 移民美国。数学家 Solomon Lefschetz 在 1935—1936 年间任美国数学会主席，Artin 正是在那个时候引起了他的注意。Lefschetz 在写给圣母 (Notre Dame) 大学校长的信中说道："我几天前刚从美国数学会的一次会议归来，身为数学会主席，我特别清楚地知道最近发生的事情。"这封信写于 1937 年 1 月 12 日，恰好是在希特勒颁布上述直接影响到 Artin 前程的那个法案的两星期之前。Lefschetz 在信中继续说道：

---

[1] 见 1933 年 4 月 7 日重组专业公务员队伍的法案。

[2] 见"德国新公务员法"第 59 条，后来在 1937 年 4 月 19 日被辅以所谓的"标志的法令"。

　　这次会议讨论的主要事件是邀请来自维也纳的 Karl Menger 博士赴圣母大学任职。毫无疑问，你会为此感到振奋。圣母大学这样做即是在自己的教师队伍中添加一位在世界范围里真正优秀的数学家。这位数学家正处在自己的事业黄金期，更重要的是，他有着卓越的能力去激发青年人的研究热情。我们普遍认为这是贵校的一个好举措，也没有比这更好的选择了。我为这次意义重大的聘任向你们致以最热烈的祝贺。

　　请允许我通过建设性意见的方式，向你们提名另一位绝对一流的数学家，希望你们能够郑重考虑接收。他就是代数学家 Emil Artin，目前是汉堡大学的教授。他是奥地利的雅利安人，但是他的妻子有一半犹太人血统。他们有一对幼子，你知道他这时候正不幸遭遇德国的社会动荡······

　　有这样两位数学苍穹的明星，在数学领域，贵校将会在从为数不多的最古老的大学中脱颖而出 ······ [原信见图 1]。

　　这样，很显然，由于 Lefschetz 在美国数学会的位置，他了解 Artin 的情况并想办法帮助他[3]。同时幸运的是，圣母大学的校长 —— 神父 John O'Hara "为了减轻他在德国受到的心灵冲击，为 Artin 争取了在圣母大学的教职 ······" [HW，O'Hara 给 H. B. Wells 的信，1938 年 6 月 11 日]。因此，Artin 最初来到美国的起因是一封私人信件以及一个大学的承诺，而不是通过某个学术委员会的审核[4]。在圣母大学的短期任职在 Artin 的一生中是一个新起点，它给 Artin 在异国他乡避难的第一年带来一个有稳定收入的机会。

　　Artin 于 1938 年离开圣母大学进入印第安纳大学，他随后在那里任职直到 1946 年。在那之后，他加入了普林斯顿大学，并于 1958 年回到德国，直至 1962 年 12 月 20 日去世，享年 64 岁。在 Artin 去世后五十周年之际，我们一起来回顾 Artin 在美国度过的岁月以及他的一些贡献。

　　[3]由于缺少有组织的委员会来帮助难民，Harlow Shapley、Oswald Veblen 和 Hermann Weyl 在 1930 年代末采取了由某一个特定专家出面直接吸引人才到自己的学术机构的措施，见 [21, pp.151−153]。

　　[4]这些委员会的工作在其他一些更一般的著作里有分析，如 [21, 20]。Karin Reich 说，Richard Courant 为 Artin 来圣母大学安排了职位。Artin 一家在 1937 年 10 月 1 日乘轮船到达美国时曾住在 Courant 在纽约的家中 [19, p.80]。但是，在圣母大学和普林斯顿大学的资料中没有找到 Courant 写的关于 Artin 的信。

PRINCETON UNIVERSITY

PRINCETON, NEW JERSEY

Department of
MATHEMATICS

January 12, 1937

My dear Dr. O'Hara:

A few days ago I returned from a meeting of the American
Mathematical Society where as President, I was particularly well placed to
know what was going on. Doubtless you will be interested to learn that
the chief event discussed there was the appointment of Dr. Karl Menger of
Vienna to a post at Notre Dame University. In so doing, it was generally
felt that Notre Dame had added to its faculty one of the truly outstanding
mathematicians in the world, a man still in his prime and with an
exceptional capacity to inspire young men. No better choice could have been
made and I wish to extend to you my warmest congratulations for this
splendid move.

By way of making a constructive suggestion, I permit myself
to name for your strong consideration another absolutely first rate man, the
algebraist E. Artin, at the present time Professor at the University of
Hamburg. He is an Austrian Aryan, but his wife is one-half Jewish. They have
a couple of small children and you know the rest. Like Menger, Artin is
in the middle thirties, famous not only as a first rate scientist but also
as a teacher, and inspirer of youth, and is a most attractive personality.
Although still very young he was in 1930, runner-up for the post of successor
to Professor David Hilbert of Gottingen, himself an outstanding mathematical
genius of all times. I may say that Professor Artin is coming to the United
States in a few months on the way to Leland Stanford University where he
shall teach next summer so that an easy and informal interview with him could
no doubt be arranged.

With two such stars in your mathematical firmament you would
outclass in this branch of learning all but a small number of the oldest
universities. And your liberal attitude toward learning would find its
just reward therein!

Sincerely yours,

S. Lefschetz,
Research Professor of Mathematics.

President John F. O'Hara, C.S.C.
University of Notre Dame
Notre Dame, Indiana

图 1　Lefschetz 给圣母大学校长 John O'Hara 神父的信，收藏于圣母大学，参见 [LH]

2. 圣母大学

　　神父 O'Hara 在圣母大学建立了研究生教育计划，这是他在 1934 年[5] 担任校长后所做的两件事之一。神父 O'Hara 相信前沿的科学研究能够提升学校的实力，但他需要资金来实现。他完全是出于这个原因来征集经费支持。在 1920 年代后期以及 1930 年代初，圣母大学的学生可以被特许在化工、冶金和生物这些专业方向攻读研究生学位。然而，到了 1933 年，为了跟随美国当时的教育潮流，圣母大学努力建设哲学、物理学、数学和政治这几个学科的博士教育方案，并在工作人员和设施上的做了投资。于是，数学系从 1938 年开始提供博士学位课程。圣母大学招募了当时 36 岁的 Karl Menger 来推出这一举措。Menger 曾任维也纳大学数学系教授，是维也纳学派的一个有影响力的成员；见 [14, 11][6]。Menger 任职期间，加盟数学系的教授有 Arthur Milgram、Paul Pepper 和 John Kelly，还有，我们故事的最重要人物——Emil Artin。Menger 在圣母大学任职，直到 1946 年他去了伊利诺伊理工大学。

　　Menger 曾在维也纳组织数学学术讨论会并出版会议文集，这是当时那里的传统。他在圣母大学也组织类似的活动，即圣母大学学术讨论会，会议内容出版在《数学学术讨论会的报告，第二系列》(*Reports of a Mathematical Colloquium, Second Series*) 上，时间跨度是从 1938 年到 1946 年。那时正值二战，美国的学术界受到了干扰（最后一期出现在 1948 年）。Menger 还创办了《圣母大学数学讲座系列》(*Notre Dame Mathematical Lectures*)，其中第 2 册，Artin 的《Galois 理论》[1]，是他最广为人知的一本书，见 [11, p.xii]。这本书是基于 Artin 在圣母大学讲授 "Galois 理论" 课而编写的，出版于圣母大学 1942 年的百年庆典之际，是献给庆典的礼物[7]。因此圣母大学为数学发展做了另一个重大贡献：发表高质量数学专著。总之，圣母大学不仅仅只是开始在数学系开展学术研究，它也轻微缓解了当时美国对高等数学出版物不断增长的需求。

---

[5] 为了圣母大学在 1930 年代末研究生院的发展，见 [14]。

[6] Menger 参加了 1936 年在奥斯陆举办的世界数学家大会并任副主席。由于朋友和亲戚劝说他离开奥地利，并且圣母大学致力发展壮大它的研究生院，Menger 在 1937 年 2 月接受了做圣母大学教授的聘书。

[7] Abraham Wald 的《统计推断的原理》(*On the Principles of Statistical Inference*) 是圣母大学数学讲座系列的第一本书。Kurt Gödel 在 1938 年春天的关于逻辑的讲义本应是这套丛书的第 3 册。随着编辑工作的展开，Gödel 需要承担的由数学家培训圣母大学编辑部工作人员的工作量日益增加，这使得他的讲义没有作为第 3 册出版 [16, pp.225−226]。Koehler 的文章——其中包括 Menger 的一些贡献，讲述了当时 Menger 努力邀请 Gödel 到圣母大学访问一个学期。Karl Menger 的《分析的代数》(*Algebra of Analysis*) 成为《圣母大学数学讲座系列》的第 3 册，随后又出版了其他 7 册。完整列表请参阅《圣母大学形式逻辑期刊》(*Notre Dame Journal of Formal Logic*, 8 (1967): 1−2) 中的 "Miscellaneous back pages"（杂项尾页）。

3. 印第安纳大学

很自然的，Artin 来到圣母大学的消息在数学界迅速蔓延。特别是，在（距离圣母大学南方大约 174 公里的）布鲁明顿的印第安纳大学的数学系主任很有远见，知道 Artin 对自己数学系的发展将是非常重要的。"我认为，学校院系变强是需要时机的，" K. P. Williams 在给学院院长的信中写道 [WP，Williams 在 1938 年 4 月 6 日写给 Payne 的信]，"现在数学系就有这样一个机会——就在几乎我们家门口的圣母大学有一位 Artin 教授，他几乎是世界上最优秀的代数学家，也是所有领域中最杰出的数学家之一。"因此我们猜测，Williams 一定是提出了令人信服的理由，因为印第安纳大学从下一学年 (1938—1939) 起给 Artin 提供了终身教授的职位。因此，Artin 同时在圣母大学和印第安纳大学两地任教，而此时，这两个学校的数学系都处在非常关键的过渡时期 [9]。Artin 在印第安纳大学的七年时间里，指导了两位博士生：David Gilbarg 和 Margaret Matchett （后来成为 Stump 的夫人），见 [10, 18]。同时，在印第安纳大学，Artin 每个学期教三门课，并在周一或周二晚开设研究生研讨班。他教过的数学课程很广泛。比方说，在 1940 年秋，Artin 讲授了[8]

- 数学 210a，高等微积分，
- 数学 357a，相对论，
- 数学 334a，代数与数论，
- 数学 322，研究生研讨班。

又如，在 1945 年的春天，他教了

- 数学 103a，三角学，
- 数学 210b，高等微积分，
- 数学 213，微分方程，
- 数学 322，研究生研讨班。

这样的教学安排以及在印第安纳大学的终身职位使得 Artin 逐渐恢复了他的数学研究[9]。Artin 在 1921 到 1931 这十年间在数学领域非常活跃，与此形成鲜明对比的是，他在接下来的十年里相对安静，没有发表很多著作，"从创作数学的频率上看，Artin 发表文章的时间颇不均衡" [5, p.36]。事实上，从 1933 年至 1940 年，Artin 没有发表一篇文章。虽然这段时间他没有发表文章，但是从 Artin 为他的研究生以及他的年轻合作者 George Whaples 提议

---

[8]这些列表来自于 [LR，课程表]。

[9]Artin 的女儿 Karin Tate 很多年后回忆说，"搬到布鲁明顿之后，他们继续着活跃的社交生活，如同之前在汉堡一样，这个大学的很多院系都有他们的朋友，孩子们继续学习乐器，父亲继续他的数学追求" [23]。

的论文题目来看，他对自己感兴趣的领域发展一直保持着敏锐的直觉。例如，Artin 很熟悉的 Chevalley 在 1936 年提出的理想元 (idéles) 这个新概念，这种新方法后来用在类域论中，成为类域论研究的关键转折点 [7, 8]。这一整体性的观点为后来 Artin 与 George Whaples 奠基性的合作提供了框架。在合作中，他们利用关于赋值的乘积公式，为域提供了一种公理性的刻画。他们还在一起引入了赋值向量环的概念，这是一个可加的理想元的类比 [3, 4]。

Margaret Matchett 是 Artin 在印第安纳大学的第二个研究生，她的博士论文完成于 1946 年，题目为《关于理想元的 zeta 函数》[18]。在论文里，她通过在理想元空间上的积分重新定义了经典 zeta 函数，并且引入了这个空间的测度。她解释了 Hecke 在他 1920 年的开创性工作《一种新型的 zeta 函数》中提出的特征（见 [12, 13]）正是由理想元的特征导出的数域之理想群的特征。然而，她并没有成功地证明 zeta 函数的泛函方程。事实上，她最终都没有发表她的博士论文，这件事让 Artin 很"恼火" [17]。Artin 后来的一个学生——John Tate，在他 1950 年的普林斯顿大学的博士论文《在数域上的 Fourier 分析和 Hecke 的 zeta 函数》中，把 zeta 函数理论推广到理想元这个框架下，给这个之前设想宏伟的计划带来完美的结果 [22]。

4. 普林斯顿大学

Artin 于 1946 年离开印第安纳大学去了普林斯顿大学。这个新的机会改变了他的数学人生。

关于 Artin 如何以及为什么要离开印第安纳大学而进入普林斯顿大学，我们只能做一些猜测。首先，在 1945 年，J. H. M. Wedderburn 从普林斯顿退休，于是就空出了一个代数方向的职位。此外，当初在 1937 年举荐 Artin 去圣母大学任职的 Lefschetz，于 1945 年担任普林斯顿大学数学系主任。最后，也许最重要的因素是，在普林斯顿数学系旁边的高等研究院任职的 Hermann Weyl 推荐并支持 Artin 到普林斯顿任职[10]。Weyl 给普林斯顿提供了对 Artin 的评估意见，与他于 1945 年在雪城所做的相似。在后者的信件中，Weyl 写道：

> 当我 1930 年离开苏黎世······以及后来我于 1933 年在哥廷根递交辞职书的时候，我都建议 Artin 为我继任者的首选。这清楚地表明我对他的看法。事实上，我认为他早期在代数与数论的工作是我在有生之年亲眼目睹的为数不多的数学领域中的里程碑。他在那些年给人的印象是一个天才，想法很多，如同火一样

---

[10] Weyl 不知疲倦地把流离失所的德国人才聘到美国。他率先试图引进更多这样的难民到自己的数学系，也就是普林斯顿高等研究院，他本人是 1933 年开始在那里工作的 [21, p.150]。

热烈。后来，特别是从 1933 年灾难性的一年开始，无疑他的效率
很低，但看上去他很可能在以后相当长的时间持续发表一流数学
成果。他是一个非常热情、鼓舞人心的老师。这种品质从他的青
年时期开始就一直都没改变。他一直掌握数学所有领域里最重要
的发展。在他的讨论班上，通过热烈的讨论，以及整个群体的共
同劳动，他试图挖掘到最深层的想法秘密，并把它们最简洁地表
达出来 [WM，Weyl 给 Martin 的信，1945 年 1 月 15 日]。

因此，Weyl 从一个平衡而全面的角度评价了 Artin，强调他作为一个创
造性的研究者和教授的内在能力，而不是计算他的论文或学生数量。我们似
乎可以合理地得出这样的结论：Wedderburn 的退休以及 Weyl 对 Artin 的独
特视角这两方面结合促使 Artin 于 1946 年加盟普林斯顿大学。值得一提的
是，Chevalley 距离加入普林斯顿大学也是近在咫尺，只可惜他是同一年的竞
争者。

普林斯顿大学的这个机会似乎使 Artin 恢复了活力。他的教学"非常激
发灵感"，这体现在他的十八个博士生身上，其中包括著名的 John Tate 和
Serge Lang。事实上，Artin 一直跟进着数学所有的重要发展，并且投身到代
数、数论和拓扑的研究之中。

Artin 在普林斯顿大学晋升了职称，任数学教授 (1946 — 1948)，Dod 数
学教授 (1948 — 1953)，并且最终出任 "Henry B. Fine 数学讲座教授" (1953
— 1959)。Artin 被授予 Fine 讲座教授职位正是他在美国取得成功的见证。自
从这个职位 1926 年创立以来，之前只有 Oswald Veblen 和 Solomon Lefschetz
曾获此殊荣，而这两个人是普林斯顿数学系乃至整个美国数学界的两大基石。

Artin 对于任命他为 Fine 讲座教授的反应，生动体现了他对教学深切的
承诺和热爱。当普林斯顿数学系主任 A. W. Tucker 告知 Artin，他被选择
作为下任 Fine 数学讲座教授的时候，"Artin 并没有看上去很高兴，而是很担
心"。事实上，Artin 最初拒绝 Fine 讲座教授的位置。据他说，是因为"这个
职位没有教学任务。我不会放弃我教大学一年级微积分课程的任务，所以我
必须恭敬地拒绝这个荣誉"。显然，Tucker 向大学律师咨询了 Fine 讲座教授
的确切职责，律师们认为义务教学是被允许的。于是，随着教学问题的解决，
Artin 才接受了 Fine 讲座教授这个职位[11]。

即便是这个尊贵的地位，也没能把 Artin 最终留在美国。在 20 世纪 50
年代中期，Artin 开始认真考虑回到德国的可能性。他这种叶落归根的愿望最
初反映在 1956 — 1957 年期间以学术休假的形式访问哥廷根大学和汉堡大学。

---

[11] (http://www.ams.sunysb.edu/~tucker/AWTvignettes.html) Tucker 熟知 Artin 超强的教学
启发能力。当未来的学生造访普林斯顿的时候，Tucker 利用 Artin 的课来宣传数学系的强大。

显然正是在这一年，Artin 决心能在一个更永久的基础上回到德国 [5, p.28]。

Artin 次年回到普林斯顿之后，提出了在 1958—1959 年请假的要求。当时仍旧担任数学系主任的 Tucker 向院长 J. Douglas Brown 描述了这件事：

> Artin …… 计划 [今年] 在汉堡大学访问，那里仍旧把他作为其数学系一个象征性的成员（他在第二次世界大战开始也就是在来美国之前已经在那里执教多年）。
>
> 你也许记得，我们在前一段时间讨论过 Artin 教授可能会请假离开这件事情，你曾表示，我们大学可以相当灵活地处理 Artin 教授在德国的老家和他在美国的新家之间两头跑的问题 [TP，Tucker 给 Brown 的信，1958 年 4 月 6 日]。

普林斯顿大学显然对这种类型的请求有所准备，于是同意了 Artin 的 1958—1959 年请假要求。然而，普林斯顿并没有打算无限期地延长这种"灵活"安排。虽然普林斯顿大学数学系很同情 Artin 面临着在他的新家和祖国之间的艰难抉择，但是他们最终必须把自己的研究生教育放在第一位。1958 年 7 月，普林斯顿校方管理员意识到"Artin 有很明显的可能性要永久地返回德国"[BG，Brown 给 Goheen 的信，1958 年 7 月 3 日]。Brown 院长从专业和个人的角度，就 Artin 面临的选择发表了自己的看法。

> …… 在德国，Artin 得到贵宾级的待遇，到了在美国学术圈都没听说过的程度，而在美国，他是一个"年纪较大"的数学家，面对来自新一代杰出的年轻数学家的激烈竞争。他到退休只有 8 年的时间来拼搏。另外，Artin 很爱德国，但是 Artin 夫人对其犹太教友在德国受到的摧残却有着难以忘怀的辛酸。因此，他和他的夫人分居两地……
>
> 我们已经允许 Artin 有一年的无薪假期，以接受他在德国的访问教授之职。Tucker 认为，我们应该在早春就问问 Artin 今后的计划。这种长期来往于美国和德国的想法在普林斯顿大学看来是不切实际的，因为保持课程连续性是研究生教育中极为重要的一点。
>
> Tucker 建议推荐 John Tate 作为继任者，Tate 现在在哈佛工作…… [BG，Brown 给 Goheen 的信，1958 年 7 月 3 日]。

显然，后来由于 Artin 在美国离了婚，他成功地在 1956—1957 年和 1958—1959 年返回德国，或许，结合一些其他因素，Artin 于 1959 年 3 月 15 日递交了辞呈 [AG，Artin 给 Goheen 的信，1959 年 3 月 15 日]。

5. 总结

在 20 世纪 30 年代，Artin 并不是完全自由地选择如何展现他的数学天才。Artin 曾早在 1934 年的秋天就考虑过离开德国 [19, p.76]。与此同时，Harald Nehrkorn、Hans Zassenhaus 和其他五位学生于 1933—1936 年之间在 Artin 的指导下获得博士学位。

1936 年，Artin 和他的同事——Erich Hecke 和 Wilhelm Blaschke——应邀去挪威奥斯陆参加国际数学家大会。最终，德国政府允许 Hecke 和 Blaschke 出席会议，但不许 Artin 参加。1937 年初，德国政府又阻止 Artin 在同年夏天去斯坦福大学做一系列报告这样的学术活动。Lefschetz 在这些事件发生的同时已经努力为 Artin 争取到美国的职位。这样看来，在圣母大学就职的机会来得正是时候。1937 年 7 月 27 日，国家代理官*强迫 Artin 从 1937 年 10 月 31 日开始 "退休" [19, pp.78−79]。然而，1937 年 10 月 1 日，Artin 已经取得他来美国工作的机会。如果 Artin 离开德国确实是只是 "时间问题"，那么这个时机已经到来 [5, p.28]。

Nathan Reingold 对 "美国数学界在本国最后也卷入战争之前，接纳他们的海外同事" 的这段历史有着更广博的观点。他分析美国数学界这样的做法是很多因素的结果，其中包括 "…… 科学统一的意识形态的影响；经济大萧条情况带来的危机感；对纳粹德国政策的反应；民族主义以及反犹太主义这样的气氛在美国的影响和美国作为被压迫的人的避风港的持久形象。这些发生在真实世界的故事与数学领域真的非常不同。数学，作为人类理性纪念碑，是有着确定性和优雅的" [20, p.314]。但是，更值得强调的是，Emil Artin 最初在美国的落脚正值美国大学数学系（尤其是一些并非最精英的大学）发展和改善的时机。比方说，圣母大学因 Artin 的加盟增设了研究生课程。因此，虽然离开德国来到美国是 Artin 自己的决定，但是美国的这一个过渡时期为 Artin 打开了一扇门，使得他能来美国数学界继续他的研究。这里，时机是重要的，而国家并不是重点。如果是 40 年前发生类似的政治局势，美国数学研究界就不具备接受 Artin 移民的条件。

Artin 和他的学生们组成的研究团队十分活跃，蒸蒸日上。他在 20 世纪 30 年代中期离开他在德国的研究团队，而在美国的时候又逐渐创立了这样的团队。Artin 在 1931 年讲授的类域论深深影响了 Chevalley 的博士论文，从论文中读者可以感受到 Artin 的那种有形的智慧力量 [15, p.52]。随着时间的推移，在无数难以想象的障碍之中，这种智慧力量以同样充满活力的形式体现到了 Tate 的博士论文之中。与此同时，Artin 在建立他的数学理论的同时带出了很多数学新秀，很多正式的和 "非" 正式的学生都受益于 Artin 激励

---

*当时的德国，州政府被 Reich 州长替换，德语为 Reichsstatthalter。——译者注

年轻人攀登数学高峰的非凡能力 [5, p.39]。

Artin 在美国的职业生涯是一个教学和研究、新老同事以及数学界的共同承诺的美丽的混合体。至今在回顾中，我们看到，Artin 的一生是人类灵性的见证。更重要的是，对于当代数学界，他的一生为我们提供更加广阔的视角，让我们学习去更全面衡量一个数学家的贡献和成就。

参考资料

档案资料

> 普林斯顿大学档案馆，普林斯顿大学，普林斯顿，新泽西州 [=PUA]
>
> 圣母大学档案馆，圣母大学，圣母市，印第安纳州 [=UND]
>
> 印第安纳大学档案馆，印第安纳大学，布鲁明顿，印第安纳州 [=IUB]

[AG] Letter, Emil Artin to Robert F. Goheen, 15 March 1959, Artin File, PUA.

[BG] Letter, J. Douglas Brown to Robert F. Goheen, 3 July 1958, Artin File, PUA.

[HW] Letter, Father John O'Hara to H. B. Wells, 11 June 1938, Artin File, IUB.

[LH] Letter, Solomon Lefschetz to Father John O'Hara, 12 January 1937, Artin File (UDIS 101/43), UND.

[LR] Schedule of Lectures and Recitations, Office of the Registrar Records, Box 457p, IUB

[TP] Letter, Albert Tucker to J. Douglas Brown, 6 April 1958, Artin File, PUA.

[WM] Letter, Hermann Weyl to W. T. Martin, 15 January 1945, Artin File, PUA.

[WP] Letter, K. P. Williams to Fernandus Payne, 6 April 1938, Artin File, IUB.

参考文献

[1] E. Artin, *Notre Dame Mathematical Lectures No. 2 Galois Theory*, Notre Dame: University of Notre Dame Press, 1942.

[2] E. Artin, *Collected Papers*. Edited by Serge Lang and John Tate (New York, Heidelberg, Berlin: Springer-Verlag, 1965).

[3] E. Artin and G. Whaples, *Axiomatic characterization of fields by the product formula for valuations*, Bull. Amer. Math. Soc., **51** (1945), 469−492.

[4] E. Artin and G. Whaples, *A note on axiomatic characterization of fields*, Bull. Amer. Math. Soc., **52** (1946), 245−247.

[5] R. Brauer, *Emil Artin*, Bull. Amer. Math. Soc., **73** (1967), 27−43.

[6] J. W. S. Cassels and A. Fröhlich, eds., *Algebraic Number Theory*, Proceedings of an instructional conference organized by the London Mathematical Society (a NATO Advanced Study Institute) with the support of the International Mathematical Union, pp. 305−347, Academic Press, London, 1967.

[7] C. Chevalley, *Sur la th'eorie du corps de classes dans les corps finis et le corps locaux*, J. Fac. Sci. Univ. Tokyo, **2** (1933), 365−476.

[8] C. Chevalley, *La th'eorie du corps de classes*, Ann. of Math., **41** (1940), 394−418.

[9] D. D. Fenster, "Artin in America (1937−1958): A time of transition", In *Emil Artin (1898−1962) Beiträge zu Leben, Werk und Persönlichkeit* (K. Reich and A. Kreuzer, eds., with the collaboration of Catrin Pieri), Algorismus 61, Dr. Erwin Rauner Verlag, Augsburg, 2007.

[10] D. Gilbarg, *The structure of the group of $\mathfrak{p}$-adic 1-units*, Duke Math. J., **9** (1942), 262−271.

[11] L. Golland, B. McGuinness, and A. Sklar, eds., *Karl Menger: Reminescences of the Vienna Circle and the Mathematical Colloquium*, 20, Kluwer Academic Publishers, Dorcrecht, 1994.

[12] E. Hecke, *Eine neue Art von Zetafunktionen und ihre Beziehungen zur Verteilung von Primzahlen. Erste Mitteilung*, Math. Z., **1** (1918), 357−376.

[13] E. Hecke, *Eine neue Art von Zetafunktionen und ihre Beziehungen zur Verteilung von Primzahlen. Zweite Mitteilung*, Math. Z., **4** (1920), 11−51.

[14] A. J. Hope, *The Story of Notre Dame*, University of Notre Dame Press, Notre Dame, IN, 1999.

[15] S. Iyanaga, *Travaux de Claude Chevalley sur la th'eorie du corps de classes: Introduction*, Japan J. Math. **1** (2006), 25−85.

[16] E. Koehler with K. Menger, "Memories of Kurt Gödel", In *Karl Menger: Reminescences of the Vienna Circle and the Mathematical Colloquium* (L. Golland, B. McGuinness, and A. Sklar, eds.), 20, Kluwer Academic Publishers, Dorcrecht, 1994.

[17] A. Matchett, *Margaret Matchett: A Brief Biography*, March, 2012 (unpublished).

[18] M. Matchett, *On the zeta function for idéles*, Thesis (Ph.D.), Indiana University, 1946 (unpublished).

[19] K. Reich, "Artin in Hamburg 1922−1937", in *Emil Artin (1898−1962) Beiträge zu Leben, Werk und Persönlichkeit* (K. Reich and A. Kreuzer, eds., with the collaboration of Catrin Pieri), Algorismus 61, Dr. Erwin Rauner Verlag, Augsburg, 2007.

[20] N. Reingold, *Refugee Mathematicians in the United States of America, 1933−1941: Reception and Reaction*, Ann. of Sci., **38** (1981), 313−338.

[21] R. Rider, *Alarm and Opportunity: Emigration of mathematicians and physicists to Britain and the United States*, 1933−1945, Historical Studies in the Physical Sciences **15** (1984), 107−176.

[22] J. Tate, "Fourier analysis in number fields and Hecke's zeta-functions", in *Algebraic Number Theory* (J. W. S. Cassels and A. Fröhlich, eds.), pp. 305−347, Academic Press, London, 1967.

[23] K. Tate, *Natascha Artin-Brunswick*,
www.memorial2u.com/Biography/id/64/Natascha-Artin-Brunswick.

编者按：本文原载于 Della Dumbaugh and Joachim Schwermer, Creating a life: Emil Artin in America, *Bulletin (New Series) of the AMS*, 2013, 50 (2): 321−330.

数学家 Friedrich Hirzebruch 逝世

Bruce Schechter

译者：袁颢

> Bruce Schechter，科学作家，生活在美国纽约布鲁克林，曾为 *Discover*，*Technology Illustrated* 和 *Physics Today* 等杂志写作。

引言

德国数学家 Friedrich Hirzebruch 于 2012 年 5 月 27 日在波恩去世，享年 84 岁。这位伟大的数学家为二战后德国数学的复兴立下功勋，他将多个研究领域进行联合的努力，孕育出新的研究工具和研究方向。Max Planck 数学研究所所长 Don Zagier 表示，脑溢血夺走了老人的生命，是由一个月前的一次轻微摔倒引发的。Max Planck 数学研究所位于波恩，由 Hirzebruch 博士一手创立。

在二战结束后 Hirzebruch 博士开始他的数学事业之际，德国大部分地区满目疮痍。用数学家 Hermann Weyl 的话说，德国数学家们"流散世界各地"。

1950 年代，Hirzebruch 博士曾在美国普林斯顿高等研究院工作两年。在那里，他目睹了各国数学家在一起交流合作的情景，希望把这种模式带回德国。1956 年，Hirzebruch 博士回到德国，时年不满三十岁，即被任命为波恩大学教授，开始着手实现在普林斯顿立下的目标。

"这样一个年轻人，凭着自己的人格魅力、榜样力量和组织能力，重建了德国数学。"英国数学家 Michael Atiyah 爵士这样评价 Hirzebruch 博士。

Hirzebruch 博士首先创办了非正式的数学会议，一年一次，他将其称为"Arbeitstagung"（工作会议）。与会人数很快从七个人发展到两百多人。

工作会议没有议程也没有邀请函，这在当时是很不寻常的。会议第一天，与会者齐聚会堂，大声呼喊着各种议题，这些议题由 Hirzebruch 博士分发给坐在观众席中的专家们。在互联网还没出现的时代，这是紧跟科学前沿的最好方式。

1980 年代早期，Hirzebruch 博士模仿普林斯顿高等研究院建成了一所国际数学家研究中心——他说服 Max Planck 学会开设 Max Planck 数学研究所，并任所长，直至 1995 年退休。

Hirzebruch 博士是首届欧洲数学会主席，并是多个数学学会的成员。

Hirzebruch 博士最著名的成就是找到了数学不同研究领域之间的关联，如代数几何与拓扑学之间的关联，这为新的数学研究方向的产生注入灵感，从而对现代物理学影响重大。Hirzebruch 博士重要的学术成就包括：Hirzebruch-Riemann-Roch 定理、Hirzebruch 符号差定理、对 Hilbert 模曲面的研究和参与创立 K-理论。

"他接过陈旧的理论，将它们变成新的。"曾与 Hirzebruch 博士合作的 Atiyah 博士这样说。"所有这些领域的关联过去就有，但主要是他发展了这些关联，将它们置入现代的模式中，开辟出一条新路径。"

Friedrich Ernst Peter Hirzebruch 于 1927 年 10 月 17 日在威斯特伐利亚的哈姆市出生，数学家父亲 Fritz 是他的第一位数学老师。

二战爆发，Hirzebruch 被派往纳粹德国空军青年团。在防空阵地仰望天空的无数个长夜里，他在夜空中勾画出一个又一个球面三角形，计算它们的几何体。二战后期，Hirzebruch 曾被联军短暂俘获。在狱中，他在草纸上撰写数学证明式。

Hirzebruch 博士一生收获了许多奖章和荣誉，包括 1988 年获得的沃尔夫奖、1990 年获得的罗巴切夫斯基奖和九个荣誉博士学位。

Hirzebruch 博士与现仍健在的 Ingeborg Spitzley 相濡以沫五十九载，他们有三个孩子：Ulrike Schmickler-Hirzebruch、Barbara Hirsch 和 Michael Hirzebruch，还有六个孙辈。

在 Max Planck 研究所任所长期间，Hirzebruch 博士仍在波恩大学任教。

Atiyah 博士回忆道，作为老师的 Hirzebruch 博士，"是个技艺不凡的魔术师，引领你向前，你却不知道要去哪儿，猛然间，快下课的时候，美好的东西就会出现。那是一件艺术品，一项舞台创作，貌似普通，却经过精心的设计"。

编者按：原文 Friedrich Hirzebruch, Mathematician, Is Dead at 84, 由 Bruce Schechter 于 2012 年 6 月 10 日发表在 Twitter 上.

追忆小林昭七教授

丘成桐

译者：卢卫君

　　我非常感激落合卓四郎[1]教授邀请我参加小林昭七[2]先生的纪念会议。去年我获悉小林昭七教授过世时，我深感震惊，因为我认为他依然很年轻而且精力充沛。伍鸿熙教授告诉我说，小林安详地离开人世时正在坐飞机从日本返回伯克利的旅途中。顿时，我便不由自主地回想起我在伯克利念书时第一次遇见小林教授的音容笑貌。我从他和落合教授组织的微分几何研讨中学到了很多东西。

　　在前往日本的途中，落合教授告诉我一件很感人的轶事：在我申请到伯克利读研究生期间，小林昭七教授恰好担任伯克利数学系入学委员会的主席。这么多年来，我仅知道在我成功被伯克利大学录用中 Donald Sarason 教授和陈省身教授所起的作用，而压根没有意识到小林昭七教授也起着关键性的作用。小林教授一直没跟我谈起这件事，将此事尘封了一辈子。落合教授对我说，小林昭七教授强烈地动议伯克利大学应该尽可能提供给我最好的奖学金资助。的确，那是一个破例，我当年获得了声望很高的 IBM 奖学金资助，奖金额度为 3000 美元，这大大超出当时美国研究生所能获得的 2400 美元奖学金。落合教授还说，小林昭七教授曾跟他讲过考虑录取我到伯克利读研究生是他人生的主要成就之一。听罢，我内心真的非常感激小林教授的热情友善。回想当初我申请读伯克利研究生的时候，难度很大，因为我还只是香港的一名大三本科生，并且没有拿到香港中文大学的学士学位。我申请到伯克利读研究生是我人生和数学职业生涯的一个关键抉择。这笔丰厚的奖学金对于我乃至整个家庭意味非凡。因为我的父亲离世较早，家庭已经失去收入的主心骨而陷入拮据局面。收到 IBM 奖学金后，我省吃俭用寄回一半给家里，这样家庭的财政问题总算得到极大的缓解。更为重要的，我在伯克利学到了很多

---

[1]落合卓四郎 (Takushiro Ochiai)，东京大学的名誉教授，担任纪念小林昭七先生招待会的组委会主席。——译者注

[2]小林昭七 (Kobayashi Shoshichi, 1932.1.4 — 2012.8.29)，出生于日本甲府，是有名的数学家，研究领域是黎曼流形、复流形、无穷李群。1953 年小林毕业于东京大学数学系，1956 年在华盛顿大学数学系获得哲学博士，毕业论文是联络理论 (Theory of Connections)。小林在 1978 年至 1981 年的三个学年及 1992 年秋季学期担任伯克利大学数学系主任，曾与野水克己 (K. Nomizu) 合著有广泛影响的《微分几何基础》(*Foundations of Differential Geometry*)。——译者注

现代数学的知识，这些为我日后在数学上发展奠定了基础。

在香港读书时我就对函数分析很感兴趣，在伯克利选修并经审核几门课程之后，我便开始意识到几何之美。由小林教授和落合教授所主持的几何研讨课对我产生莫大的帮助。为了能跟上那些讨论课，我花了相当多的时间去研读 Hirzebruch 编写的《代数几何的拓扑方法》，对我而言那是一个重要的转折点。虽然我当时曾请求陈省身教授做我的导师，但是在我读研一时陈先生正在学术休假。我之所以最终能够自学完有关几何与拓扑的基础，得归功于小林昭七教授的讲座，以及 Blaine Lawson 和 Ed Spanier 所主讲的课。

1970 年春，小林昭七教授刚写完那本有名的双曲流形的书，在该书没有出版前他就给我预览整个书稿，这让我深受感动。这本双曲流形的教材书文笔优美，我从该书学到了重要的 Schwarz-Pick 引理。这个引理引发了我的很多思考。我发现它在梯度估计 (gradient estimate) 形式中存在真实的类似物，这一技巧影响到我在偏微分方程的大部分研究工作，譬如，Li-Yau 不等式便来自于理解这个估计的抛物型情形；我在证明 Calabi 猜想中采用的二阶估计也是通过这个引理得到启迪。我也努力推广由小林昭七和他的学生 Eisenman 引进的内蕴测度 (intrinsic measure)，最终我将其转化成一个双有理不变测度 (birational invariant measure)。

在 1970—1971 年间，小林教授和落合教授尝试解决 Frenkel 猜想，该猜想表述为：具有正双截曲率的紧致 Kaehler 流形必双全纯于复射影空间。其中用到两个重要技巧：一是消没定理，这归功于 Bishop 和 Goldberg 证明了第二个 Betti 数等于零；二是极小阶有理曲线的存在性，这追溯到 Hirzebruch 和小平邦彦[3]的工作，他们应用 Riemann-Roch 定理和消没定理的方法给我留下深刻的印象。1978 年，我将 Frenkel 猜想和以上小林—落合的证明想法告诉了萧荫堂教授，之后我们开始发展一种新的想法来处理稳定极小曲面的第二变分公式，再运用 Sacks-Uhlenbeck 新近发展的极小球面理论来阐明极小阶有理曲线的存在性，这样我们就成功地证明了 Frenkel 猜想，而与此同时，Mori 证明了更强的 Hartshorne 猜想。Gromov 吸收了利用极小曲面来产生极小阶有理曲线的想法，在辛几何中发展了伪全纯曲线。

我应该提及的事是，当我在 1982 年获得菲尔兹奖后，我获悉小林教授友善地承担了用日语撰写一篇文章来描述我的工作。在几何方面，我们分享了很多想法，尤其在注意到 Bogomolov 关于陈示性数不等式的工作后，对于丛的稳定性的想法。

---

[3]小平邦彦 (Kunihiko Kodaira)，日本数学家，出生于长野县，以在代数几何和紧复解析曲面理论方面的出色工作而著名。他是代数几何日本流派的奠基人，是 20 世纪数学界的代表人物之一。他在 1954 年获得菲尔兹奖，是获此荣誉的首位日本人，是为数不多的同获菲尔兹奖和沃尔夫奖的数学家之一。——译者注

　　除了数学之外，小林教授非常友好地把我当作他的学生和朋友。1978 年，在赫尔辛基国际数学大会之前，我到访波恩时，曾短暂地住在他家。在那段日子里，小林教授正担任伯克利数学系主任一职。同事们描述他的领导能力是"杰出"和"果断"的。作为系主任，他的微笑和外交手法使得院系完成了很多想做的事情。他热情款待来自世界各地的院系访问学者，尤其是那些处于职业生涯起步阶段的学者，这是大家熟知的事实。

　　我们会永远记住小林先生对于数学乃至数学界所作出的贡献。

　　附：在纪念会当晚，我应小林教授弟弟（普林斯顿大学的教授）之邀讲几句话，便作了下面这首追悼诗，以作缅怀：

悼小林昭七教授于东京大学

哲人今已逝，

懿范应长存。

永别怜朋辈，

况公师道尊。

Daniel Quillen

编者：Eric Friedlander，Daniel Grayson

译者：王勃

Eric Friedlander，美国南加州大学数学教授。

Daniel Grayson，美国伊利诺伊大学香槟分校数学教授。

Daniel Quillen (1940 — 2011) 是菲尔兹奖获得者，在代数、几何及拓扑方面都颇有建树。特别是在 1967 至 1977 这十年间，他完成了一系列卓越的论文，从而开创了全新的数学领域。Quillen 的思想能为数学家提供灵感与帮助，他的数学论著使得这些领域变得更加清晰和明确。尽管 Quillen 天赋异禀，但是熟悉他的人都对其慷慨和谦逊印象深刻。能够得到他的指导，并且有机会去学习其卓越的学术成果，是我们的荣幸。对于 Quillen 的逝去，我们悲痛万分。

Daniel Quillen

（照片由 Cypora Cohen 免费提供）

这篇纪念文章共由 12 名作者合作完成，其中包括 Quillen 的同事、合作者、学生和家人。Graeme Segal 对 Quillen 数学上的贡献做了全面而具有深度的总结；Hyman Bass 则重点论述了 Quillen 在代数 K-理论领域的贡献；Quillen 的合作者 Joachim Cuntz 和 Jean-Louis Loday 介绍了他们与 Quillen 合作完成的关于循环同调的工作；Quillen 在牛津的同事 Michael Atiyah 和 Ulrike Tillmann，以及 Quillen 在哈佛的同事 Barry Mazur，讲述了他们与 Quillen 共事时的往事；Dennis Sullivan 和 Andrew Ranicki 回忆了他们以前与 Quillen 在数学上的交流；Quillen 的学生 Ken Brown 和 Jeanne Duflot 则展现了学生视角下的 Quillen；本文的最后一部分来自于 Quillen 的妻子 Jean Quillen，她和 Quillen 共同育有六个孩子。Jean 描绘出了数学奇才 Quillen 在家庭中作为一个居家男人的形象。

Graeme Segal[†]

Quillen 于 2011 年 4 月 30 日去世，享年 70 岁，作为他这个时代最有创造性和影响力的数学家，其影响遍及数学的各个分支。Quillen 解决了许多有名的数学难题，而其最卓越的贡献则是他解决数学核心问题的创新方法及其开创的前人未尝涉及的全新道路。

Quillen 出生在新泽西州的奥兰治，有一个弟弟；父亲 Charles Quillen 是化学工程师，在一所职业中学当老师；母亲 Emma（娘家姓是 Gray）是秘书，她特别重视对儿子的培养。Emma 为 Quillen 争取到了奖学金，使得他可以去纽瓦克学院（Newark Academy，一所非常好的私立中学）读书。在中学毕业前一年，Quillen 来到哈佛。在获得学士学位后，他留在了哈佛，在 Raoul Bott 的指导下攻读研究生，其毕业论文是研究线性偏微分方程的超定系统。Quillen 于 1964 年获得博士学位后，立刻得到了麻省理工的职位邀请，在去牛津之前他一直任职于麻省理工（尽管期间曾去过法国高等科学研究所、普林斯顿、波恩和牛津进行学术访问）。

Quillen 将其导师 Bott 视为他前进的方向。Bott 是一位开朗外向的数学家，由于个人魅力以及和蔼的性格而广受欢迎。Bott 的外向开朗正好与 Quillen 的内向沉默相反。Bott 使 Quillen 认识到，成为一名杰出的数学家，不一定非要急于求成[‡]。Bott 总是要求别人向自己解释每一个细节，Quillen 则不一样。Quillen 与他人处事时很迅捷，但是在自己思考问题时，他就会刻意放慢速度，从第一步开始认真地思索每一个小点。Quillen 为人特别谦逊，这使得他很有个人魅力，但他同时也非常有魄力。Bott 是个数学全才，他涉猎数学中许多不同的领域，用一个几何学家的角度来分析问题。Quillen 也是如此，并不局限在某个小领域，Quillen 最杰出的贡献集中在代数方面，但是从某种程度上说，代数并不是 Quillen 的"主业"，他对数学的各个领域甚至物理学都很感兴趣。当 Quillen 的大女儿在哈佛读物理专业时，他总是认真地计算大女儿的作业题。当二十年后其小女儿在帝国理工学院攻读电子工程时，他对小女儿的作业题保持着同样浓厚的兴趣。Quillen 从各种学科中汲取营养，为己所用，而这正是 Quillen 研究数学的特点。终其一生，Quillen 一直记录着其每天的数学灵感[1]。他的这些记录包罗万象，记录着所读过的论文和参加的会议，汇集在一起成为珍贵的档案。例如，1972 年 Quillen 正在完善正合序列范畴的代数 K-理论时，他的笔记中却有很长一段时间记录"统计

---

[1]Quillen 总是说他喜欢慢节奏，但是在对待数学想法时他却很迅捷。Quillen 说他需要把这些想法仔细完整地记录下来以供他慢慢思索，否则这些灵感就会遗失变得模糊不清。

[†]Graeme Segal 是牛津大学万灵学院名誉成员，本节的片段曾早些刊登于欧洲数学会通讯。

[‡]因为 Bott 并不是数学专业出身，是以后转行成为数学家的。——译者注

1970 年在普林斯顿高等研究院，从左到右：George Lusztig、
Daniel Quillen、Graeme Segal 和 Michael Atiyah

（照片由 George Lusztig 授权使用）

力学"。这个主题来自于理想气体和 Carnot 循环这两个本科物理学中的概念，Quillen 从数学角度深入研究了统计力学中的熵，构思如何在相同辛流形的高维乘积上对 Hamilton 或辛结构进行扰动。这段笔记的结尾也非常微妙，"也许会有用的想法：熵以及它如何由伽马函数替换阶乘而产生 (Possible idea to use: entropy and how it arises from the gamma replacement for factorials)。"

对 Quillen 的数学生涯产生第二大影响的是 Alexander Grothendieck。可以说，Grothendieck 整整影响了 Quillen 这一代数学家。Grothendieck 由于他的神奇理论而闻名于世，即经过充分细致的尝试，以及对问题的情境和来源的准确分析，数学难题便可迎刃而解。然而正是用这种方法，Grothendieck 开创了现代数学最魔幻的一面：将数论、代数和几何联系起来。Quillen 的第一部闻名于世的著作（1967 年出版的 Springer 讲稿系列《同伦代数》）与其博士论文是完全不同的主题，明显体现了 Grothendieck 对 Quillen 的影响。

在那十几年中，同调代数蓬勃发展成为一个新的数学领域。同调代数可以被当作一门艺术，将伦型（或本质上说是同调群）和许多代数、组合结构（如群和代数）巧妙地结合在一起，而这些概念起初看上去是毫不相干的。Grothendieck 对这一领域的特殊贡献则是他（和他的学生 Verdier）发明了"导出范畴"，其中可以嵌入任意给定的 Abel 范畴（如给定一个环，该环上面的模）。导出范畴相对于 Abel 范畴，正如同伦范畴相对于拓扑空间范畴的关系。更加令人惊奇的是，Grothendieck 证明可以将伦型与任意交换环和任何域上的代数簇联系起来，使得有限域上代数簇点的个数与复数域上相应簇的拓扑相关联，正是用这种方法，导致 Weil 猜想在 1949 年被证明。Quillen 是 Grothendieck 学派的"信徒"，但 Quillen 也同时沉浸在另一种数学流派中，即麻省理工 (MIT) 的代数拓扑学派，其中尤以 Daniel Kan 为代表，而 Kan 正是对 Quillen 产生第三大重要影响的人物。（Kan 和 Quillen 都喜欢早起，经常在大家都还在熟睡时，两个人一起在 MIT 散步讨论。）Kan 崇尚简单的方法，他证明了拓扑空间的同伦论完全可以由组合方法建立。拓扑空间的范畴经过伦型不变的映射即可得到同伦范畴。Quillen 认识到，Kan 的证明是说，单纯集的范畴经过一族的映射即可得到同样的范畴。Quillen 试图找出什么时候才能够反转任意范畴内一族态射任意的范畴，并把结果称作一个同伦范畴。Quillen 发现关键在于纤维和上纤维的概念，这两者是代数拓扑中的传统工具，同时也是解决同调代数投射和单射分解问题的正确选择。例如，一个单射模可以类比成遵从 Kan 条件的单纯集。Quillen 的著作提出了一套非常完善而抽象的同伦理论。尽管在当时，该著作只得到少部分人的重视，但是这项研究成果却是具有远见卓识的；三十年后的今天，Quillen 的这套理论被广泛使用，并且依然是数学研究的热门领域。Quillen 的这本书是极其抽象的，里面几乎没有例子和应用。但是 Quillen 很快就将其应用到交换环上的上同调理论——现在称作"André-Quillen 上同调"，还应用到余切复形的相关理论，并发现有理同伦范畴可以由微分阶 Lie 代数构造，也就是说可以由交换的微分阶代数构造。

这是 Quillen 所有著述中最具 Grothendieck 特色的一部。Grothendieck 和 Quillen 都在寻求问题的本质，但是当 Grothendieck 找到普遍规律时，Quillen 却坚信如果要想彻底明白一个数学现象，就必须找出其最本质的表达形式。Quillen 感觉到他可能用语言无法准确地表述出来，但是由于长期的雕琢以便他人理解，Quillen 的数学语言简明而准确。正如 Atiyah 所指出的，Quillen 的数学写作更加容易使人联想到 Serre 而不是 Grothendieck。

1968 至 1969 年，Quillen 在巴黎附近的法国高等科学研究所 (IHES) 担当 Sloan 研究员，而 Grothendieck 正是 IHES 的创始人之一。接下去的一年，Quillen 来到普林斯顿高等研究院，完成了一系列的新工作，这也是 Quillen 一生中学术成果最丰富的时期。或许那段时间最引人注目的成果就是 Adams 猜想的证明了。Adams 猜想用 K-理论和 Adams 算子识别出正交群的球面稳定同伦群的直和。在三年前，Quillen 就已经给出了一个证明思路，即如何从特征为 p 的代数簇的 Grothendieck 的艾达尔 (étale) 同伦理论入手[2]。同时，Quillen 也仔细研读了芝加哥代数拓扑学家的工作，他们应用无限循环空间的理论计算出了许多重要分类空间的同调。Quillen 意识到，他的第一个证明的关键在于离散群 $GL_n(\overline{\mathbb{F}}_p)$ 和李群 $GL_n(\mathbb{C})$ 的分类空间有着相同的伦型而与质数 p 的选择无关，这一点可以直接证明（这里 $\overline{\mathbb{F}}_p$ 表示 p 元域的代数闭包）。这直接导致 Quillen 发展了代数 K-理论，这也是 Quillen 一生最为人熟知的

---

[2]几年后，Friedlander 在其 MIT 的博士论文中将该证明补充完整。

成果；但是在代数 K-理论之前我还想提一些其他的事情。

首先，Sullivan 也几乎同时证明了 Adams 猜想，也用到了 Grothendieck 的理论，但却是另一种方法。Quillen 的证明发展了代数 K-理论，而 Sullivan 则是完全不同的方法，计算出分段线性和拓扑流形的结构。尽管 Quillen 和 Sullivan 的研究方向不同，但是他们的工作却有着一些交集，而 Adams 猜想正是其中之一。另一点相似之处

Quillen 申请进入哈佛学院时所用的照片

（照片由 Cypora Cohen 免费提供）

就是，Quillen 和 Sullivan 独立发展了有理同伦理论。流形同伦群等价问题激发 Sullivan 进行了这项研究。几年后，Becker 和 Gottlieb 找到了 Adams 猜想的一个非常初等的证明，而没有用到 Grothendieck 的理论，Ib Madsen 对这段数学史做出令人深思的评论：如果 Becker 和 Gottlieb 的证明来得早几年，也许现阶段数学研究的这些前沿领域就根本不曾被发现。

1970 年在法国尼斯举行的国际数学家大会 (ICM) 上，Quillen 报告了他前一年的工作成果，即有限群的上同调。这也是 Quillen 一生中除了 Adams 猜想和代数 K-理论之外的又一杰出成果。Quillen 发现任意紧群的模 p 上同调都由其基础 p 子群的格所决定，从而证明了 Atiyah-Swan 猜想，即模 p 上同调环的 Krull 维数是基础 p 子群最大的秩，并第一次计算出自旋群的上同调环。Quillen 对应用这些思想在有限群理论中去获得重大成果很有兴趣，但不久他就转向别的领域了。

Quillen 的学术生涯黄金时期的另一杰出成果，是关于复配边环及其与正则群理论的关系。这一想法是如今最新的稳定同伦理论的基础，该学科开始于 Hopkins 计算出稳定同伦范畴和全部球面同伦群。1960 年 Milnor 用 Adams 谱序列的方法计算出复配边环，这也是代数拓扑的一大突破。Quillen 一直设想把 Grothendieck 的"动机"(motives) 理论当作代数几何的万有上同调理论，并设想把 Grothendieck 在其早期工作中所构造的射影空间上的丛应用于陈类和 Riemann-Roch 定理。Quillen 意识到，复配边环理论与具有陈类向量丛的光滑流形上的上同调理论有着类似的作用。他还认为，这个理论的基础不变量是正则群法则，它描述了线丛的第一陈类在张量积下的性质。Quillen 敏锐地观察到，复配边环是整个正则群的基础；在不运用 Adams 谱序列的前提下，转而通过流形上几何幂算子成功地完成了新的计算。这项工作同样是 Grothendieck 式的思想与传统的代数拓扑的结合。在发表了这篇令世人震惊的论文之后，Quillen 似乎再未踏入该领域。

因为本文其他部分会提到代数 K-理论，这里我不会太多涉及。正如 Quillen 在 1969—1970 年所解释的，关键就在于 $BGL_\infty(\overline{\mathbb{F}}_p)$ 伦型的计算，另一个关键点在于 Quillen 注意到，$\Omega^\infty S^\infty$ 上的众所周知的 Pontrjagin 环与对称群上分类空间的并集的 Pontrjagin 环完全相同，其中 $\Omega^\infty S^\infty$ 是无限维球面上的无穷环空间。这令 Quillen 想到，在范畴上添加适合的"加法"运算——就如同有限集合范畴的不交并，或者环上模的直和——如果不用建立同构类半群的 Grothendieck 群，就可以在同伦范畴中建立拓扑半群（也就是范畴空间）上群的完备化，我们就得到了上同调理论。Quillen 在 1970 年的 ICM 上提到著名的"加法构造"，巧妙地实现了群的完备化；这来源于 Sullivan 的建议，但我并不认为这是一个基本概念。在普林斯顿的那几年中，Quillen 尝试厘清范畴中的同伦论，他在此之前对这个专题并没有过多想法。他意识到，关键在于找到更普遍的构造 Grothendieck 群的同伦形式，关系来自于正合序列而不是只来自于直和；最终，他完成了"Q-构造"，这也是他最喜爱的定义空间的方法。Quillen 最辉煌的成果就是，他为 1972 年西雅图会议所写的代数 K-理论。在那之后，Quillen 只发表了一篇代数 K-理论的论文：1976 年，证明了 Serre 猜想，即多项式环上的投射模是自由的。这个证明的出现得益于 Serre 猜想已经被广泛熟知和讨论——特别是 Horrocks 的工作——再结合 Grothendieck 所提倡的"互相借鉴，解放思想"的方针，Quillen 最终的证明也就水到渠成了。

1978 年，Quillen 获得菲尔兹奖，此后他的兴趣转向整体几何和分析。他在 1976—1977 年所做的笔记主要是关于分析的：常微分方程的 Sturm-Liouville 定理，一维散射和逆散射理论，统计力学，电子传输线理论，量子和量子场论的相关方面问题；以及正交多项式，Jacobi 矩阵和整函数的 Hilbert 空间的 de Branges 定理。1977 年，Quillen 在 MIT 讲授了这些专题的研究生课程。然而他并没有发表过相关专题的论文。我觉得，也许 Quillen 认为他并没有得出决定性的新的结果。但是，我认为可以用一个圆圈将整体分析和指数理论联系起来——一端是量子场论，另一端是代数 K-理论，Connes 用循环同伦来处理指数理论——这个想法使得 Quillen 后来又对许多领域产生兴趣。Quillen 在牛津讲授的最后一门研究生课程（我记得是在 2000 年）正是二维离散 Dirac 方程的散射理论。

1982 年初，Quillen 决定去牛津，因为 Atiyah 也在那里。Quillen 于 1982—1983 年在牛津休假，然后在 1985 年以 Waynflete 教授的身份入主牛津，从而永久地离开了 MIT（关于这件事，数学界一直流传着一个玩笑：MIT 系主任告诉 Quillen 他的工资要减半，所以 Quillen 去了牛津）。

在 20 世纪 80 年代，Quillen 至少发表了三篇长期影响数学发展的文章：发明了可以作为指数理论工具的椭圆偏微分算子的"行列式线"，微分几何和

分析中"超联络"的概念，代数 K-理论循
环同伦中的 Loday-Quillen 定理。

第一个成果来自于 Quillen 关于指数
理论和量子场论中异常现象关系的思考。
行列式线是代数几何中常见的概念，在量
子场论中用 zeta 函数来定义正则行列式
则是标准的方法，一些数学家如 Ray 和
Singer 对此也做过研究。尽管如此，任何
Fredholm 算子的行列式位于它的一条行
列式线上，zeta 函数使得行列式线"简单
化"（即用复数来判别），这两个简单的设
想开辟了全新的视角。

"超联络"则来源于 Quillen 关于椭圆
算子族的指数定理以及量子场论中 Wit-
ten 超对称观点的思考。如果纤维丛是紧

Quillen 在上课

（照片由 Cypora Cohen 免费提供）

的 Riemann 流形，则在基上就会有一个虚向量丛，是每个纤维上的 Dirac 算
子的纤维指数。丛上的指数定理给出了在这个虚向量丛上计算陈氏特征的公
式。Quillen 的设想是：将孤立 Dirac 算子 D 的指数表示成热核 $\exp D^2$ 上超
迹的公式，与和 $\exp D^2$ 的纤维化超迹定义相似的有限维向量丛连接的陈氏特
征结合起来，这里 D 表示联络的协变微分，其曲率 D^2 是矩阵值的 2-形式。
Quillen 志在把这些想法应用到无限维向量丛中去证明簇上的指数定理，向量
丛则由旋量域沿着纤维形成；Quillen 将纤维 Dirac 算子加到自然垂直旋量域
上，从而定义了 D 的超联络以及 $\exp D^2$ 的迹类。超联络如今已经广为应用，
但是在第一篇短论文中给出了定义并述说了他的这个理论后，Quillen 并没有
继续研究族的指数定理，Bismut 在几年后沿着 Quillen 的思路给出了证明。
此后，Quillen 只有两篇论文涉及超联络，一篇（与学生 Mathai 合著）是非
常有影响的，尽管只是关于有限维丛。这篇文章用超对称量子场论的语言优
美地描绘了向量丛上的 Thom 类，并且为超对称规范理论提供了一个基础的
几何工具。

Quillen 的最后一项工作主要和循环同调相关。Quillen 被这一主题的多
个不同方向所吸引。首先，循环上链作为指数理论的工具被创造出来，Connes
的"S-算子"明显却微妙地与 Bott 周期有所联系，Quillen 对于 Bott 周期在
一般代数 K-理论中的作用一直抱有浓厚的兴趣。本质上说，循环同调是一般
环上代数 K-理论陈氏特征的自然终点。另一方面，似乎循环理论应该归属到
Quillen 第一本书的同伦代数框架之中。Connes 用显式上链公式发展了循环
同调，他在这方面是一位大师，但是就 Quillen 来看，这些公式并不能作为理

论的基础。为了找到 "正确" 的描述，Quillen 应用了许多技巧，以探索被 Bott 映射拉回的 Grassmann 上的微分形式的代数特征。我们已经提到 Quillen 的一项著名成果，Quillen 证明了 Loday 猜想[3]。大致上，Quillen 的证明讲的是循环同伦在一般线性群中 Lie 代数的作用恰如代数 K-理论在一般线性群中的作用。在 1989 年写的一篇文章中，Quillen 成功地给出了循环同调概念上的定义。但是为了向 Grothendieck 的 60 大寿致敬，Quillen 写道，"关于循环同调的 Grothendieck 式的理解仍然是我追寻的目标"。20 世纪 90 年代，Quillen 主要与 Cuntz 合作，继续在这个领域做出重要贡献。我并不是这个领域的专家，所以这方面 Quillen 的工作就交由 Cuntz 来论述。然而，整体上我觉得 Quillen 感觉到，用 T. S. Eliot 的话来说，Quillen 对于 Connes 工作的探索最终又回到了他开始的地方，并且 Quillen 第一次对整个领域有了清楚认识。

　　Quillen 在数学之外的最大爱好则是音乐，尤其是巴赫的音乐。Quillen 总提到他和他的妻子 Jean 是在哈佛的乐团认识的，那时 Quillen 表演三角铁，而 Jean 表演中提琴（Jean 却说 Quillen 是乐团的管理员，偶尔充当号手）。Quillen 不到 21 岁就和 Jean 结婚了。三角铁貌似是最接近数学的乐器了。Quillen 很高兴去探索音乐的原理以及创作 20 至 30 小节的短小乐章，然而数学使得 Quillen 不能在音乐上花费太多时间。在 Quillen 完成博士学位之前，他和 Jean 已经有了两个孩子，他们总共育有六个小孩。除去数学之外，家庭就是 Quillen 的全部。Quillen 并不善于语言表达，但是他却总是乐意与人谈论孩子们的冒险和偶遇。尽管在 20 多岁时 Quillen 的头发就变白了，他却从未失去一颗少年的心。

　　不幸的是，最后的十年中 Quillen 被越来越严重的老年痴呆症所困扰，幸好他还有家人陪伴，这包括他的妻子、六个孩子、二十个孙辈以及一个重孙。

Michael Atiyah[§]

　　我去哈佛访问时首次遇到 Quillen，他在那里读书，是 Bott 的学生。我记得那时 Quillen 是个快乐的大男孩，充满了新奇的想法和对数学的热情，Bott 则对他充分鼓励。许多年后，Quillen 来到牛津成为我的同事，此时他已经是一名成熟且有自己风格的数学家。Quillen 对 Serre 以及 Grothendieck 非常崇拜，他的研究风格可以反映出两者对他的影响。Quillen 的简明和优雅来源于 Serre，而其普适性则源自 Grothendieck。

---

[3]这个定理由 Tsygan 几乎同时独立地给出证明。

[§]Michael Atiyah 是爱丁堡大学的数学荣誉教授。

三位在牛津的菲尔兹奖获得者：
Michael Atiyah、Simon Donaldson 和 Quillen

Quillen 是一位孤独和深刻的思想家，他可以为探索一个问题而花费数年时间，这足以体现他的伟大和成功。Quillen 的兴趣很广泛，他的重要成果都有着简明而必然的特点。我仍然对 Quillen 关于配边理论的正则群的巧妙应用而印象深刻，Quillen 精妙地将代数应用到几何上从而得出深刻的结果。

Quillen 的风格不适合合作研究，但是他的影响却是广泛的。Quillen 安静谦逊而不鲁莽，显示出数学的奇思妙想。但是在安静的外表下，Quillen 却仍然有着年轻学生的热情。尽管 Quillen 热衷于数学，他同样为家庭和音乐投入了许多。

Hyman Bass[¶]

我和 Quillen 共有两次机会一起工作，两次都是如花园一样的工作环境，却都令我们做出了非凡的成果。一次是在 1968—1969 年间，我们都参加了 IHES 的 Grothendieck 研讨会以及法兰西学院的 Serre 讲座。另一次机会则是在 1972 年夏季，在西雅图 Battelle 纪念研究所举办的关于代数 K-理论的为期两周的会议。

在巴黎的日子里，Quillen 显示出他的人格魅力：绅士、谦逊、仔细，一头银发所无法改变的孩童般的外表，以及充实的家庭生活。在那个绚丽而辉煌的数学时代，Quillen 似乎倾听得更多，他只在有非常重要的内容时才会讲两句。Quillen 随后的工作展示出他是一位耐心的倾听者。

[¶]Hyman Bass 是密歇根大学数学教授。

然而在 Battelle 会议上，Quillen 一反常态地成为了会议的中心。此次会议由于 Quillen 的工作，可以看作是代数 K-理论的分水岭。在下文中，我会回忆当时的场景和气氛，以及 Quillen 所带来的思维方法和结果的根本性改变，这也为 Quillen 带来了 1978 年的菲尔兹奖。

K-理论的灵感来源于 Grothendieck 关于 $K(X)$ 群生成代数簇 X 上广义 Riemann-Roch 定理的介绍 [4]。这激发 Atiyah 和 Hirzebruch 创立拓扑 K-理论，X 是拓扑空间，$K(X)$ 成为一个 $K^n(X)(n \geqslant 0)$ 群的广义同伦理论的零次项 $K^0(X)$ [1]。

设 X 是一个仿射概形，$X = \text{Spec}(A)$，Grothendieck 构造 $K(X)$ 所用到的代数向量丛会与有限生成投射 A-模对应起来 [11]。如果 X 是紧 Hausdoff 空间并且 $A = C(X)$ 是环上的连续函数，则对拓扑 $K(X)$ 也成立 [12]。这意味着定义了有限生成投射 A-模的 Grothendieck 群 [4] $K_0(A)$，且该定义对任何环 A 均成立（可以不是交换环）。这种超越代数的（也是非几何的）一般性并不是无用的，因为拓扑学家在一些基本群 π 的整群环 $\mathbb{Z}\pi$ 的 K_0 群的同伦理论中已经遇到了阻碍 [13]。

很自然地就会联想到，拓扑 K-理论所对应的由群 $K_n(A)(n \geqslant 0)$ 组成的类似的代数理论。结论并不是显而易见的，但一些特别的方法可以成功处理前两步。首先是 $K_1(A) = GL(A)/E(A)$ 的定义 [3]，这里 $GL(A)$ 是无限一般线性群，$E(A)$ 是其换位子群，由 $GL(A)$ 中的初等矩阵构成 [14]。K_1 的定义最好包含与 K_0 自然函子的关系以及与拓扑的联系，这里简单同伦论中的 Whitehead 挠率不变量位于形如 $Wh(\pi) = K_1(\mathbb{Z}\pi)/(\pm\pi)$ 的群中 [14]。

当 A 是数域的整数环时，K_0 就和理想类群相关，K_1 则和单位组成的群相关，并且相对 K_1 群蕴含了 $SL_n(A)(n \geqslant 3)$ 的同余子群这一古典问题的答案 [2]。

第二步则是 $K_2(A) = H_2(E(A), (\mathbb{Z}))$ 的定义 [6]，它是泛中心扩张 $St(A) \rightarrow E(A)$ 的核，这里 "Steiberg 群" $St(A)$ 由基本生成元及其之间的关系表示。这个定义依然具有很好的函子性质，数域中的计算显示出其与显式互反律的深刻联系。另外，Hatcher [5] 发现 K_2 与假同位素问题的拓扑上的联系。

尽管这些代数上的概念 K_0, K_1 和 K_2 只是通往未知一般性理论的第一步，它们已经展示出了与代数拓扑、代数几何、数论以及我们上面没有提到的算子代数之间足够有趣的联系，因此完全得出代数 K-理论似乎是水到渠成的。事实上，一些人 (Gersten, Karoubi-Villamayor, Swan, Volodin) 已经尝试

---

[4] 这里变成下标是因为 X 与 A 之间的逆变。

创造了高等代数 K-函子，但是他们并不能完全搞清楚函子的特性以及之间的关系，他们也没有计算一般环 A 上的函子。

这就是 1970 年左右代数 K-理论的发展情况：一个依然在孕育之中的理论，但是已经有了一些令人感兴趣的应用，吸引了不同领域数学家的注意。我将对这些理论的发展者和实践者做一个总结。西雅图的 Battelle 纪念研究所召开了为期两周的会议，包括 Spencer Bloch, Armand Borel, Steve Gersten, Alex Heller, Max Karoubi, Steve Lichtenbaum, Jean-Louis Loday, Pavaman Murthy, Dan Quillen, Andrew Ranicki, Graeme Segal, Jim Stashe, Dick Swan, John Tate, Friedhelm Waldhausen 以及 Terry Wall 在内的 70 位数学家参加了会议，正如我在会议文集的序言中所提到的 [BC]：

"…… 很多数学家尽管有着不同的研究背景和研究兴趣，但是都对代数 K-理论很感兴趣。也许这些数学家的聚会比新元素的发现更重要。无论如何，将这么多数学家聚在一起是令人满意的，特别是其中一些数学家根本没有其他机会在一起进行学术交流。数学家们在舒适而放松的环境中彼此交流，推动了数学和人类的发展。"

我认为，这次会议超越了预期，取得巨大的成功。绝对可以把这次会议称作代数 K-理论的盛典，而 Quillen 则是当之无愧的巨星。Quillen 给出了两个高等代数 K-理论的成功构造，一个是 Battelle 会议前提出的 "+-构造"，另一个则是在会议现场提出的 "Q-构造"。

"+-构造" 定义了

$$K_n^+(A) = \pi_n(BGL(A)^+) \quad n \geqslant 1,$$

这里 $BGL(A)^+$ 表示分类空间 $BGL(A)$ 的一个修正，拥有相同的伦型，基本群为

$$K_1(A) = GL(A)/E(A).$$

Quillen 进一步又验证了

$$\pi_2(BGL(A)^+) = K_2(A),$$

从而进一步说明了定义的合理性。Quillen 在 Adams 猜想的证明过程中指出 [7]，在有限域中，$BGL(Fq)^+$ 的伦型与

$$\Phi^q - Id : BU \to BU$$

的纤维伦型相同，这更加验证了定义的正确性，同时也完整地给出了有限域 K-理论的计算结果。

"+-构造"是一个质的飞跃，但仍然存在两个不足。首先，它并没有直接解释 $K_0(A)$。其次，也是更重要的，它并没有带来在低维 K_n（$n = 0, 1, 2$）中有效的简单计算工具。为了克服这一点，根据 Grothendieck 原始定义的思想，必须对有正合序列的加性范畴 C 定义 $K_n^Q(C)$（$n \geqslant 0$）。（对于环 A，为了得到 $K_n^Q(A)$，必须把 C 弄成有限生成投射 A-模的范畴。）而 "Q-构造" 完成了这一点，它定义了 $K_n^Q(C) = \pi_{n+1}(BQC)$，这里 BQC 是 Quillen 发明的新范畴 QC（Q-构造）的分类空间（每个范畴都有定义），一系列精妙的定理和基础的方法使得该定义更加明确：

- 一致性：$K_n^Q(A) = K_n(A)$，$n = 0, 1, 2$；$K_n^Q(A) = K_n^+(A)$，$n \geqslant 1$。从而定义 $K_n(A)$ 等于 $K_n^Q(A)$ 对所有的 $n \geqslant 0$ 成立。

- 可解性：如果 $C' \subseteq C$，并且每个范畴都有一个有限 C'-分解，则 $K_n(C') \to K_n(C)$ 是同构。

- 可分性：如果 $C' \subseteq C$，并且每个范畴有一个有限 C' 子商纤维，则 $K_n(C') \to K_n(C)$ 是同构。

- 局部化：如果 C 是一个 Abel 范畴，C' 是一个 Serre 子范畴，则存在一个与 $K_n(C)$, $K_n(C')$, $K_n(C/C')$ 相关的局部化正合序列。

- 伦型不变：如果 A 是诺特的，则 $K_n'(A[t]) = K_n'(A)$，这里 $K_n'(A)$ 是有限生成 A-模的范畴的 K-理论（当 A 正则时，由可解性，与 $K_n(A)$ 相同）。

- 基本定理：如下是一个自然正合序列，$0 \to K_n(A) \to K_n(A[t]) \oplus K_n(A[t^{-1}]) \to K_n(A[t; t^{-1}]) \to K_{n-1}(A) \to 0$。

- 代数几何：许多定理可以应用到概形的 K-理论，包括计算以及同周氏环的关系。

这些都详细地收录于 Quillen 63 页的双栏论文中 [8]。这是一篇令人震惊的论文，里面有概念、技巧以及应用。通常许多数学家十余年才能完成的成果，Quillen 在一篇文章中就全部体现。Quillen 不但促成了代数 K-理论从孕育到成熟这一质的飞跃，而且还做了更多。在一次讲座中，Quillen 用巧妙的新方法给出了一个关于代数整数环上 K-群的有限生成性的完整证明 [9]。后来，Quillen 又一次用精妙的技巧证明了所谓的 Serre 猜想，即多项式代数上的投射模是自由的 [10]。

数学家总是被刻画为理论创新者以及问题解决者，Quillen 则是兼有两者。正如 Grothendieck 一样，Quillen 并不是直接地面对难题迎难而上，而是对一般性的概念做出分析和改进，使得论证具有数学的必然性。然而如果说 Grothendieck 是瓦格纳的风格，则 Quillen 更接近于莫扎特。Quillen 谦逊而和蔼，是一位伟大的创作家，陶冶着他的听众。Quillen 从不留下多余而浮华的内容，以致人们并不想去改变而只是想继续深入学习 Quillen 的理论。能够与 Quillen 交往并见证他的这些成果是我个人的荣幸与乐趣。

参考文献

[BC]   Algebraic K-theory, I, II, and III, *Proc. Conf.*, Battelle Memorial Inst., Seattle, Washington, 1972, Lecture Notes in Math., Vols. 341, 342, and 343, Springer, Berlin, 1973.

[1]   M. F. Atiyah, *K-theory*, Lecture Notes by D. W. Anderson, W. A. Benjamin, Inc., New York-Amsterdam, 1967.

[2]   H. Bass, J. Milnor, and J.-P. Serre, Solution of the congruence subgroup problem for SL_n ($n \geqslant 3$) and Sp_{2n} ($n \geqslant 2$), *Publ. Math. Inst. Hautes Études Sci.* 33 (1967), 59−137.

[3]   H. Bass and S. Schanuel, The homotopy theory of projective modules, *Bull. Amer. Math. Soc.* 68 (1962), 425−428.

[4]   A. Borel and J.-P. Serre, Le théorème de Riemann-Roch, *Bull. Soc. Math.* France 86 (1958), 97−136.

[5]   A. Hatcher, *Pseudo-isotopy and K_2*, in [BC, II], 489−501.

[6]   J. Milnor, *Introduction to Algebraic K-theory*, Ann. of Math. Studies, No. 72, Princeton University Press, Princeton, NJ, 1971.

[7]   D. Quillen, The Adams conjecture, *Topology* 10 (1971), 67−80.

[8]   D. Quillen, *Higher algebraic K-theory*, I, in [BC, I], 85−147.

[9]   D. Quillen, *Finite generation of the groups K_i of rings of algebraic integers*, in [BC, I], 179−198.

[10]   D. Quillen, Projective modules over polynomial rings, *Invent. Math.* 36 (1976), 167−171.

[11]   J.-P. Serre, Faisceaux Algébriques Cohérents, *Ann. Of Math.* (2) 61, (1955), 197−278

[12]   R. G. Swan, Vector bundles and projective modules, *Trans. Amer. Math. Soc.* 105 (1962), 264−277.

[13]   C. T. C. Wall, Finiteness conditions for CW-complexes, *Ann. of Math.* (2) 81 (1965), 56−69.

[14]   J. H. C. Whitehead, Simple homotopy types, *Amer. J. of Math.* (1950), 1−57.

Ken Brown[|]

我有幸成为 Quillen 的第一个正式的博士生，尽管 Eric Friedlander 在我之前，但是他只能算作非正式的学生。在 1970 年的夏末，Friedlander 和我正在 MIT 的休息室里讨论，Quillen 走了进来，那时 Quillen 在国外待了两年刚刚回来。Friedlander 对 Quillen 说道："嗨，Quillen，我给你带来了一位学生。"Quillen 问我的兴趣方向在哪里，而我则紧张地告诉他，我感兴趣的话题以及想证明的问题。Quillen 的和蔼让我平静下来，说道："想法不错！但是不幸的是你说的这些已经有人做出成果了。但是我这里有个问题你看看是不是感兴趣。"

Quillen 接着给我讲了一个小时他正在研究的高等代数 K-理论。在那时，Quillen 已经通过"+-构造"定义了 K-群，并且计算出了有限域上的结果。但是 Quillen 并没有证明基本定理（各种同构、长正合序列等），尽管他认为这些命题肯定是对的。Quillen 设想应该有另一种把 K-群定义成一种层上同调的方法，从而定理即可直接得证。如果我想研究这一领域，就需要发展这种层上同调理论。

我在这一问题上研究了几个月，然后去 Quillen 的办公室，告诉他我有了一些想法。我首先告诉 Quillen，我读了他所著的 Springer 出版的《同伦代数》。Quillen 微笑着对我说："为什么要读这本书啊？我不应该写这本书。当时我在学 Grothendieck 的样子，但我没有写好。"（我认为历史证明 Quillen 错了。）但是，Quillen 仔细倾听了我关于从同伦代数如何得出所提问题解的设想。尽管 Quillen 有一些怀疑，但他还是非常鼓励我并且提出了许多有建设性的意见，使得我可以继续研究下去。

这两次与 Quillen 的会面是具有代表性的。Quillen 总是不吝啬他的时间，喜欢分享他的观点，讨论他正在进行的工作，即使这些工作还没有完全成型。Quillen 总是直率地讲出他感知到的缺点。在谈话中，Quillen 感觉到有些内容我还需要掌握，然后就即兴给我一个人进行了"专题讲座"。

在 1971 年拿到博士学位并离开 MIT 以后，我就只和 Quillen 见过几次面。然而，无论我什么时候过去，Quillen 总是邀请我在他家待上一天，然后跟我聊起他正在研究的领域，还会给我展示他的私人手稿。Quillen 会和我一起吃午饭，还惊讶于我可以不喝牛奶而干吃一个三明治。在这些午餐时间中，我能够体会到 Quillen 对于家庭的付出。

Quillen 作为我的论文辅导者和导师非常尽责，我很难用三言两语描述他对我的帮助。尽管在后几年我和他失去了联系，我会永远回味在我的职业生

[|]Ken Brown 是康奈尔大学数学教授。

涯早期与他共事的时光。

Joachim Cuntz[**]

我第一次见到 Quillen 是在一次会议上（我记得是 1988 年）。那时候在完成他与 Jean-Louis Loday 的第一篇文章后，Quillen 已经在探索循环同调的不同方法和循环上链的不同描述方面发表了几篇文章。另一方面，在与 Alain Connes 的文章中，我学习到了从一个给定代数 A 上建立的特定泛代数上（奇或偶）的迹为基的循环上链的描述。当我们研究类似问题时，就变得更明确了。我很快发现 Quillen 有着同样的想法，并且我感到这种感觉是相互的。Quillen 非常和蔼，绝不沉溺于自己的名望当中。在 1989 年初，我写信给 Quillen，向他描述了我们的工作以及如何推进的一些想法。Quillen 回复我说，他在相同的方向取得很大的进展，并建议我们开始合作。我对于这个提议感到很荣幸。一段时间后，我们就真正开始了合作，彼此通信次数也在增加（电子邮件在那时已经存在，我也有时采用，但是我们仍然采用某种程度上更加"落后"的通信方式——部分原因是我并不像 Quillen 那样熟练掌握 TEX）。随后我们也相互进行了学术访问。Quillen 到海德堡来了几次，我也去牛津访问过数回（Quillen 和他的妻子 Jean 热情招待了我）。那时候，Quillen 对 C^*-代数也很感兴趣，经常问我一些关于 C^*-代数的技术问题。

一次 Quillen 访问海德堡时，我们骑自行车游览了内卡河谷。本来我们计划沿着河流骑到 45 公里远就乘火车回来。但是当我们到达茨温根贝格的火车站时，时间还早，我问 Quillen，他也同意我们继续骑一会儿。当我们到达下一个车站时还是这种情况，就这样最终我们骑车回到了海德堡。我们总共骑了 100 公里。对于没有经验的骑手来说，这已经是相当长的距离了。我记得 Quillen 非常累，以致他第二天几乎不能动了。另一次，Quillen 在我的钢琴上演奏了他自己创作的一些乐章，类似于海顿和莫扎特或者其他一些作曲家的风格。Quillen 演奏得非常传神令我印象深刻。这似乎是另一个展现 Quillen 美妙灵感的例子（这次体现在音乐中）。

在合作的初期，我主要负责计算和一些基础性的工作。我惊讶于 Quillen 如何把这些发展成宏伟体系的。举例来说，我在计算中用到了双复形的自然投射算子。不久之后，Quillen 就发给我一些章节，将这个算子令人震惊地解释为特征值为 1 的 Karoubi 算子的一般特征空间上的投影，然而这却是一个深刻的结论。Quillen 对于计算和公式的理解有着惊人的天赋，因此他能够将我们的计算嵌入到给定代数下的准自由扩张的形式中。我记得 Quillen 对于这个成果非常谦逊。他告诉我，"这个结果只是由于我受过训练，使得我可以按

[**]Joachim Cuntz 是威斯特法伦·威廉姆斯–明斯特大学数学教授。

照特定的方式思考，从而结果便水到渠成"。最终，经过五年时间，在 "Cyclic homology and nonsingularity" (*J. Amer. Math. Soc.*, 1995) 一文中，我们完成了两人合作过程中最伟大的成果。这篇文章中包含着对循环同调、上同调以及双变理论的一个新的诠释（双变理论也因此成为带有附加结构的代数上循环理论的基础，附加结构包括整体和局部理论或者等变化理论），并且为我们合作开始时的设想提供了统一而圆满的解答。我们还发表了两篇长文章，在构造的基础下发展了一般的框架。我想，在那时我们都认为这应该是两人合作的最终成果（实际上我认为 Quillen 应该比我更加轻松一点儿，因为我们合作的项目比预想庞大了许多，并且比原计划多花了很多时间）。然而，不久之后，我们又发现在我们的研究中起到重要作用的通用扩张代数 JA 连同代数 A，还有着其他的重要特性。尽管在 Wodzicki 意义下并不是 H-单位的，它有一个性质（我们称之为近似 H-单位），使得它可以在周期循环上同调下进行分割，从而类似于 Wodzicki 的设想。我已经思考周期循环理论下的分割问题很多年了。不久之后，我们就发现，实际上任何准自由代数的理想都有这个性质。这个发现直接证明了一般情况下周期循环上同调中的分割问题。当有了这些想法之后，Quillen 立刻来到海德堡与我商讨细节。我们的合作也因此更上一层楼，一直合作到我们给出了周期循环理论（以及同调、上同调、双变理论）下分割问题的完整证明；参见 Excision in bivariant periodic cyclic cohomology, *Invent. Math.* **127** (1997)。我们总共有四篇合作的论文和两篇合作的通告。我非常感谢曾得到过 Quillen 的帮助。

Jeanne Duflot[††]

作为一名研究生进入 MIT，尤其是进入了东海岸学者的学术中心，令我望而生畏。同时作为一名德克萨斯人，在操着浓重波士顿口音的当地人眼中，我不仅像在说一门外语，更像是一名外国人，这令我缺乏自信。然而幸运的是，Quillen 是我进入 MIT 后第一年的导师。那一年，Quillen 在研究生一年级课程中教授代数。在那个特定的时刻，拥有这么一位特殊的教授，意味着第一学期将充满着关于同调代数和层理论的精彩讲座；第二学期则是关于交换代数的完整讲授。我同时选修了代数拓扑课程，随之而来的灵感交互，以及我对 Quillen 教授空前清晰的讲座的万分欣赏，推动我去请求 Quillen 教授作为我的论文指导者，而在我解释想研究代数拓扑和交换代数的愿望后，他立刻就答应了。我当时还完全没有意识到，Quillen 已经完成了突破性工作而将这些领域整合在一起；参见 The spectrum of an equivariant cohomology ring, I, II, *Ann. of Math.* **94** (1971), no.3。

[††]Jeanne Duflot 是科罗拉多州立大学数学教授。

Quillen、Pierre Deligne 和 Charles Fefferman 在 1978 年赫尔辛基国际数学
家大会的菲尔兹奖颁奖仪式上，Rolf Nevanlinna 为他们颁奖

（照片由 Olli Lehto 授权使用）

选择 Quillen 当导师是美好的，因为当他给我讲数学时，他的解释和论据
总是异常的清晰。当然，并不是说我能立刻理解他告诉我的每一点，实际上
有很多我当时都不能明白，但是他使得我消除了许多朦胧之处，而传授了我
很多新的思考方式。在获得博士学位而离开 MIT 后，我继续在从同调代数到
等变上同调的应用上研究了几年，后来我转到其他分支。然而，我现在又回
到这个主题，尽管我在这方面的研究相对缺乏经验。我还指导我一个学生的
博士生研究这个方向。三十年前 MIT 里 Quillen 精彩的数学课，以及他作为
我的导师对我的情谊，都让我历历在目。

Quillen 对家庭也投入了很多；我在 MIT 读书的时候，正好赶上 Quillen
一个孩子的诞生。我还记得 Quillen 为打盹而道歉了不止一次，源于 Quillen
深夜总要起来照顾小孩，这是我那时候所不能想象的一种折磨。但是现在这
段回忆令我充满了欢乐，还栩栩如生。Quillen 滴酒不沾，他获得菲尔兹奖时
我还是他的学生；当获知 Quillen 得奖后第一次见到他时，我感到肃然起敬，
以致说不出话来。更震惊的是，Quillen 递给我一瓶香槟。原来是同事送给
Quillen 祝贺他获奖的礼品，而 Quillen 并不饮酒。我感激地收下了这份礼物，
并与我的几位同学分享了这瓶香槟。尽管我并不非常在行，但我觉得这是瓶
不错的香槟。Quillen 似乎总喜欢穿那件花格子衬衣；确实，当我在《卫报》
上读到 Graeme Segal 写的 Quillen 教授的讣告时，我十分悲痛，并注意到所
配的图片正是穿着这个花格子衬衣的 Quillen，与我记忆中的他别无二致。

Jean-Louis Loday‡‡

我于 1970 年代早期开始学术生涯，当时 Quillen 刚刚开创了代数 K-理论，而我与 Quillen 见过几次，并参与了高等 K-理论的研究。后来，我有幸在牛津做演讲，而 Quillen 正是听众之一。几周之后，我收到了 Quillen 友善的信件，他告诉我如何完结我已经开始的工作。这就开始了我与他在循环同调上卓越的合作，而 Quillen 对我的数学学术生涯起了重要的作用。但是，还有几点要提。当我在 Jean-Louis Verdier 的指导下在巴黎写硕士论文时，我必须处理 van Kampen 定理，而这与 Quillen 的一篇论文 [1] 有着很大的关联。这篇 3 页的论文是瑰宝，有着法国剧作家高乃依和拉辛的风范：一个概念，一个结果，以及一个观点。这里，概念指单纯群，结果指任意双单纯群可以提升为相同范畴的同伦谱序列，观点则是注意对角单纯群的性质。

既然我提到了 Quillen 的第一篇文章，我就再评论一下三十年后 Quillen 发表的最后一篇文章。我们在循环同调上合作，Quillen 有一个设想，即非单位伴随代数应该有着特殊的同调和同伦不变量。古典处理非单位代数的方法是增加一个单位，但是 Quillen 觉得这个技巧太简单而不会有用。我们确实得到 Hochschild 同调和循环同调上的一些结果，但是 Quillen 的目标是创建一个 K-理论不变量。为了明晰这项任务，首先要记得 K_1 是行列式的一般形式，而可逆矩阵的行列式位于环的单位群中。但是没有单位元素（就是 1）就没有单位。事实上，Quillen 并没有从 K_1 开始，而是从 K_0 开始，这正是他最后一篇论文 [2] 的主题。这个想法现阶段还没有发展成熟。

在这两篇文章之间，Quillen 完成了大量的工作，在本文其他部分会有所介绍，也可以参见我主页上的纪念文章

http://www-irma.u-strasbg.fr/~loday/DanQuillen-par-JLL.pdf

Quillen 深深影响了我的数学学术生涯。能阅读他的文章，现场聆听他的讲座，甚至与他合作，是我莫大的荣幸！

谢谢你，Quillen!

参考文献

[1]   D. Quillen, Spectral sequences of a double semi-simplicial group, *Topology* 5 (1966), 155−157.

[2]   D. Quillen, K_0 for nonunital rings and Morita invariance, *J. Reine Angew. Math.* **472** (1996), 197−217.

---

‡‡Jean-Louis Loday 是高等数学研究院 (Institut de Recherche Mathématique Avancée) 已故的数学教授。

Barry Mazur[§§]

我对于 Quillen 的贡献非常感激：在 Quillen 涉及的数学各个分支，他的设想总是取得惊人的成果，经常开创全新的数学分支；就算是已经成熟发展的领域，Quillen 的介入也能使其得到进一步的发展；数学飞速发展，生机勃勃，变得越来越宏大，却在 Quillen 影响下又越来越统一。这并不是泛泛而谈，代数 K-理论就是一例，又如"Quillen 行列式"，以及 Quillen 将正则群与复配边理论联系在一起所得到的惊人结果。我相信，除了我之外还有许多人对 Quillen 怀着相同的感激之情。

Andrew Ranicki[¶¶]

1970 年我在剑桥读研究生参加第一个拓扑研讨会时，Quillen 的大名就已经如雷贯耳。那时 Frank Adams 讲解了 Quillen 和 Dennis Sullivan 如何解决 Adams 猜想。Adams 在谈到他们俩时充满了敬意！

1973 年至 1974 年，我在 IHES，期间我几乎同时见到 Quillen 和 Sullivan。Sullivan 对割补理论的兴趣要比 Quillen 大一些。Quillen 和他的妻子 Jean 都对我非常友好，我也经常造访 Quillen 的住所。我并没有与 Quillen 谈论许多数学，但还是与 Quillen 就其他许多方面进行了交流。我被 Quillen 严谨的态度、独立的思想以及过人的谦逊所折服。1984 年 Quillen 搬到牛津之后，我邀请 Quillen 一家来爱丁堡作客。我问 Quillen，MIT 是否说过要匹配他的薪水。Quillen 风趣地答道，MIT 如果要这样做，就要把他的薪水减去三分之二！

每次去牛津访问，我都会去拜会 Quillen，而 Quillen 也如在 IHES 一样，对我招待有加。实际上有一次我和 Quillen 确实讨论了数学，那是在一次晚餐后，我提到我得出了有限控制链复形上投射类的公式。Quillen 就让我改天去他办公室，详细地给他讲讲——Quillen 在处理非单位环上 K_0 时正好需要这么一个公式。我感到受宠若惊！然而真的很遗憾，那时候应该多和 Quillen 聊聊数学，只可惜现在已经太迟。

Dennis Sullivan[***]

我与 Quillen 的接触主要集中在 1960 年代末至 1970 年代初的普林斯顿、剑桥和巴黎。

[§§]Barry Mazur 是哈佛大学数学教授。

[¶¶]Andrew Ranicki 是爱丁堡大学数学教授。

[***]Dennis Sullivan 是纽约州立大学石溪分校数学教授。

普林斯顿拓扑有着注重几何的传统，而剑桥的拓扑和几何则对代数更加青睐，在我与 Quillen 的数学交流中，这种思想的碰撞尤为明显，仅举三例：

1. 胞腔复形乘积的对角线的 Steenrod 胞腔式逼近推导出上同调的上积算子。我和 Quillen 共同探讨了 Steenrod 的胞腔式逼近和平滑形式的 Cartan-de Rham 微分代数之间的矛盾，这里平滑形式是格交换和结合的。

2. 在 MIT 的某一天，Quillen 向我解释了幂零群如何由函子商的扩张的 Abel 化得来。Quillen 这个深刻想法对于我了解有理同伦理论中的代数群很有帮助。Quillen 深邃的洞察力是无与伦比的。

3. 在普林斯顿的某一天，我展示给 Quillen 一种基础的方法。在不改变伦型的前提下，将一阶同伦为 0 的空间的两个和三个腔胞结合在一起从而处理了基本群。Quillen 则将他关于 $GL[n,$ 有限域$]$ 上同调的优美计算给我看，我们又进行了一番讨论。Quillen 在他早期构造代数 K-理论时就用到了这种工具。

我和 Quillen 后来在 IHES 的接触则更多是关于孩子和 Ormaille 寓所。

记忆中比较深刻的就是 Ormaille 寓所八号正屋中央的那张看似能放下任何东西的木桌。木桌宽大平滑，却没有椅子配套，桌子中心散落着许多积木块。Quillen 和他的孩子们，也许还有其他人，绕着桌子聊天，凝视着这些积木，设想能拼出什么有意思的形状，体会着创造的乐趣。这真是美好的场景啊！

Ulrike Tillmann[†††]

1988 年还是牛津大学的访问研究生时，我选修了循环上同调的课程。课程讲解得出奇地清晰：在我们眼前创造了新的数学，就算在我这个新手的眼中也是自然而严密的。演讲者留着白发，穿着夹克以及边上有些磨损的手工编织的套衫。他就是 Quillen，牛津大学基础数学系的 Waynflete 教授。

我最早阅读的论文中就有 Quillen 的一篇，Quillen 也因为该篇论文创立代数 K-理论而荣获 1978 年菲尔兹奖。在群上同调中我了解到这篇论文，尽管当时我并不知道此文对于同伦理论的影响。这里面的大部分工作是在 MIT 完成的。Quillen 在牛津访问了 Atiyah 和 Segal 一年后，于 1985 年接受了牛津 Waynflete 教授的职位，这个职位已经空缺了一年，前任是 Graham Higman。一开始，Quillen 主要研究量子物理方面的问题，特别是超联络理论。后来他则主要集中于发展循环上同调，我参加的讲座正是关于这个主题的。

我了解到，Quillen 研究这个专题始于 1980 年早期，当时 Jean-Louis

[†††]Ulrike Tillmann 是牛津大学数学教授。

2000 年 4 月，Quillen 在佛罗里达大学讲课

（照片由 Richard Schori 授权使用）

Loday 在牛津组织了一个研讨班。Quillen 对里面尚未解决的问题很感兴趣，后来他就和 Loday 合作写文章，将循环同伦解释为 K-理论的无穷小版本。我当时正在思考我的毕业论文，去证明一个版本的 Novikov 猜想，而 Quillen 的这篇文章正是我经常查阅的少数几篇文章之一，给予我信息和灵感。

1980 年代末至 1990 年代，Quillen 与明斯特大学的 Joachim Cuntz 合作了十余篇论文，完成了微分形式的纯代数非交换理论，并推导了其同调性质。这些论文一开始是在讲座中报告的，我参加了不少，之后我回到牛津继续当年轻教师。我已经转移到其他研究方向，但是能够现场欣赏大师的风范总是令人着迷并让我受益匪浅。

直到 2006 年退休，Quillen 一直是牛津主办的杂志 *Topology* 的编辑，该杂志由 Michael Atiyah 和 Ioan James 于 1962 年创刊，直到 2007 年编辑辞职以及新刊 *Journal of Topology* 的创立，*Topology* 一直是该领域的顶级杂志。Quillen 也参加了由伦敦数学会资助的 "K-理论日" 活动近十年，该项目由 Quillen 在牛津唯一的博士生 Jacek Brodzki 创立。2001 年的 K-理论日，为庆祝 Quillen 60 岁大寿举办了一个小型会议；2006 年的特别 K-理论日，则是为了庆祝 Quillen 65 岁大寿以及他的退休。两年后，Quillen 和他的妻子 Jean 搬去了佛罗里达。

Jean 无疑是最了解 Quillen 的人了，他们在哈佛因同修数学而相识，共同育有六个孩子和很多孙辈。作为一名职业的小提琴演奏家和小提琴教师，Jean 发现牛津环境适宜，非常适合她的发展，这无疑是 Quillen 全家由 MIT 迁往牛津的一个理由。

Jean Quillen

Quillen 于 1940 年 6 月 22 日出生在新泽西州的奥兰治。很小的时候，他就显示出非凡的智力以及敏锐地观察世界的能力。Quillen 的母亲总是提到他在婴儿时期迟迟不会说话，而第一次开口却讲出一个完整的句子。Quillen 在纽瓦克学院读高中，这是一所私立学校，在那里他获得了全额奖学金。母亲是 Quillen 成长的关键因素，她让人们认识到他的能力。他的母亲得知哈佛有一个项目，能让学生跳过高中的最后一年而早一年进入大学。她让 Quillen 申请这个项目，而且我怀疑她还润色过 Quillen 的申请文书（Quillen 的写作和文字功底一直不好）。不管怎样，哈佛录取了 Quillen，他于 1957 年 9 月份入学，那时他年仅十七岁。纽瓦克学院却出现了一个问题：颁发给 Quillen 一个毕业证书，还是让他没有毕业证书而直接去哈佛读书？最终他们还是为 Quillen 颁发了毕业证书。

当我还是哈佛/拉德克利夫的一年级学生时，我认识了 Quillen。因为某些原因 Quillen 在他二年级时选修了化学的一年级课程，我为此还嘲笑了他。我们在三年后的 1961 年 6 月 3 日走进婚姻殿堂。

我们有六个孩子，根据最近一次统计，我们还有二十个孙辈以及一个重孙。

我记得那时 Quillen 是一个积极向上而阳光的男孩。自从 Quillen 十二三岁父亲送给他一本微积分课本，数学就成了他的第一爱好。Quillen 也曾迷恋过国际象棋，但是感觉强度太大、太紧张，因此最终数学成为了 Quillen 的必然选择。

在本科阶段我和 Quillen 经常在一起学习；Quillen 就像海绵一样吸收着本科的数学课程。Quillen 能够掌握所读过的每一门课程。实际上，我注意到 Quillen 可以靠记忆复述出几乎每个定理及其证明，他也能很快看出学科中的重点。一次我在选修一门课程时，他可以在三天内教会我该门课程的所有重点。结果我不但在该门考试中得到了 A，而且还发现了考试试卷上的一处错误！

我不清楚 Quillen 的课堂教学情况，但是我清楚地记得他在一对一教学时是一位多么优秀的教师。Quillen 从来不让我觉得自己很笨；他总是先了解我知道什么，再从上面延伸。这种教学上的和蔼可亲也遍及我生活的其他方面。Quillen 教我做饭时，总是对做出的菜肴感到满意，并高兴地吃下可能做得并不好吃的饭菜。一次我在烤箱中把蛋糕弄翻了，Quillen 让我不要沮丧，却高高兴兴地把蛋糕捞了出来放在盘子上，并对孩子们宣布我们做了一个"烤箱中上下颠倒的蛋糕"。

Quillen 在哈佛共取得三个学位：1961 年的本科学位（成绩优异）、1962

Quillen 与女儿 Cypora

（照片由 Cypora Cohen 免费提供）

年的硕士学位和 1964 年的博士学位。Quillen 本科只获得了"成绩优异"，因为有一门必修课程他差一点没有通过。我还记得给 Quillen 录入毕业论文的事：当时 Quillen 在一个房间整理论文，我则在另一个房间用电子打字机录入。那时我们对于两个孩子真是疏于照顾啊！最终在截止时间过了 3 分钟后 Quillen 提交了他的毕业论文。不久 Quillen 就去 MIT 任职了。

Quillen 也在其他研究机构工作了几年，主要是因为 Quillen 喜欢接触不同的数学。Quillen 两次为期一年的假期都在法国伊维特河畔比尔的 IHES 度过。我们还在普林斯顿高等研究院待过一年，在德国波恩的 Max Plank 学院待过一年，在英国的牛津大学待过一年。我喜欢这段在国外的时光。在国外生活是一个挑战，但我学会了法语、一点点德语以及英式英语。

Quillen 认为在普林斯顿的日子是他数学成果最丰富的时期。那时 Quillen 证明出了 Adams 猜想。也是在普林斯顿，Quillen 第一次受到 Michael Atiyah 爵士的影响。

离开普林斯顿后，我们回到了 MIT，而 Quillen 则成为全职教授。由于 Quillen 的支持，我得以业余时间在新英格兰音乐学院学习音乐。Quillen 也调整了他的时间安排，使得我可以抽身去上课。我非常感激 Quillen 对我的支持。那一年他开始在家做研究，一方面帮忙照看孩子，另一方面我觉得也是因为家中无人打扰。在他的办公室和我的练琴室之间总共有五道门，我们总是关着门并且不让孩子们打开它们。

我们第一次去牛津访问，正是由于 Quillen 和 Atiyah 的联系。在波恩的那一年，Quillen 对我说："我们不应该待在这个国家。"我说："那么你说哪个国家好呢？"Quillen 说他想去牛津，一部分是由于他对 Atiyah 的研究方向很感兴趣。在牛津待一年后，我们回到波士顿。六个月后，Quillen 在牛津做了一次演讲。这时，Atiyah 提到莫德林学院的 Waynflete 教授职位依然空缺，并询问 Quillen 是否想要永久地来到牛津工作。Quillen 打电话问我，我说："好的，没问题，"就这样我们来到了牛津。

Quillen 与许多人合作过，并被他们深深影响：1970 年代的 Grothendieck 与 Deligne，以及后来的 Loday 和 Connes。早些年间有哈佛的数学家，后来则主要是 Quillen 在 MIT、德国以及英国的同事。Quillen 总是跟我聊起他所钦佩的这些数学家。里面并没有嫉妒，而只有对伟大成果的崇拜之情。

阿尔茨海默是一种可怕的疾病，疾病的最初表现就是 Quillen 不能理解数学了。Quillen 也意识到这一点，可以想象他的痛苦。Quillen 很内向，他并不会向人们提及他的痛苦。正是因为 Quillen 所经历的这些病痛折磨，从某种角度来说，我们已经做好了失去他的准备。尽管"初恋情人"是数学，Quillen 绝对算得上是一位和蔼而尽职的好丈夫。我十分想念他，我想其他许多人也是如此。

编者按：原文载于 *Notices of the AMS*, 2012, 59 (10): 1392−1406.

科学素养丛书

(书号前缀为 978-7-04-0xxxxx-x)

序号	书号	书名	著译者
1	29584-9	数学与人文	丘成桐 等 主编,姚恩瑜 副主编
2	29623-5	传奇数学家华罗庚	丘成桐 等 主编,冯克勤 副主编
3	31490-8	陈省身与几何学的发展	丘成桐 等 主编,王善平 副主编
4	32286-6	女性与数学	丘成桐 等 主编,李文林 副主编
5	32285-9	数学与教育	丘成桐 等 主编,张英伯 副主编
6	34534-6	数学无处不在	丘成桐 等 主编,李方 副主编
7	34149-2	魅力数学	丘成桐 等 主编,李文林 副主编
8	34304-5	数学与求学	丘成桐 等 主编,张英伯 副主编
9	35151-4	回望数学	丘成桐 等 主编,李方 副主编
10	38035-4	数学前沿	丘成桐 等 主编,曲安京 副主编
11	38230-3	好的数学	丘成桐 等 主编,曲安京 副主编
12	29484-2	百年数学	丘成桐 等 主编,李文林 副主编
13	39130-5	数学与对称	丘成桐 等 主编,王善平 副主编
14	41221-5	数学与科学	丘成桐 等 主编,张顺燕 副主编
15	41222-2	与数学大师面对面	丘成桐 等 主编,徐浩 副主编
16	42242-9	数学与生活	丘成桐 等 主编,徐浩 副主编
17	42812-4	数学的艺术	丘成桐 等 主编,李方 副主编
18	42831-5	数学的应用	丘成桐 等 主编,姚恩瑜 副主编
19	45365-2	丘成桐的数学人生	丘成桐 等 主编,徐浩 副主编
20	44996-9	数学的教与学	丘成桐 等 主编,张英伯 副主编
21	46505-1	数学百草园	丘成桐 等 主编,杨静 副主编
22	48737-4	数学竞赛和数学研究	丘成桐 等 主编,熊斌 副主编
23	49517-1	数学群星璀璨	丘成桐 等 主编,王善平 副主编
24	35167-5	Klein 数学讲座	F. 克莱因 著,陈光还 译,徐佩 校
25	35182-8	Littlewood 数学随笔集	J. E. 李特尔伍德 著,李培廉 译
26	33995-6	直观几何 (上册)	D. 希尔伯特 等著,王联芳 译,江泽涵 校
27	33994-9	直观几何 (下册)	D. 希尔伯特 等著,王联芳、齐民友译
28	36759-1	惠更斯与巴罗,牛顿与胡克 —— 数学分析与突变理论的起步,从渐伸线到准晶体	В. И. 阿诺尔德 著,李培廉 译
29	35175-0	生命 艺术 几何	M. 吉卡 著,盛立人 译
30	37820-7	关于概率的哲学随笔	P. S. 拉普拉斯 著,龚光鲁、钱敏平 译
31	39360-6	代数基本概念	I. R. 沙法列维奇 著,李福安 译
32	41675-6	圆与球	W. 布拉施克著,苏步青 译
33	43237-4	数学的世界 I	J. R. 纽曼 编,王善平 李璐 译
34	44640-1	数学的世界 II	J. R. 纽曼 编,李文林 等译
35	43699-0	数学的世界 III	J. R. 纽曼 编,王耀东 等译
36	45070-5	对称的观念在19世纪的演变: Klein 和 Lie	I. M. 亚格洛姆 著,赵振江 译

序号	书号	书名	著译者
37	45494-9	泛函分析史	J. 迪厄多内 著，曲安京、李亚亚 等译
38	46746-8	Milnor眼中的数学和数学家	J. 米尔诺 著，赵学志、熊金城 译
39		数学简史（第四版）	D. J. 斯特洛伊克 著，胡滨 译
40	47776-4	数学欣赏（论数与形）	H. 拉德马赫、O. 特普利茨 著，左平 译
41	31208-9	数学及其历史	John Stillwell 著，袁向东、冯绪宁 译
42	44409-4	数学天书中的证明 (第五版)	Martin Aigner 等著，冯荣权 等译
43	30530-2	解码者：数学探秘之旅	Jean F. Dars 等著，李锋 译
44	29213-8	数论：从汉穆拉比到勒让德的历史导引	A. Weil 著，胥鸣伟 译
45	28886-5	数学在 19 世纪的发展 (第一卷)	F. Kelin 著，齐民友 译
46	32284-2	数学在 19 世纪的发展 (第二卷)	F. Kelin 著，李培廉 译
47	17389-5	初等几何的著名问题	F. Kelin 著，沈一兵 译
48	25382-5	著名几何问题及其解法：尺规作图的历史	B. Bold 著，郑元禄 译
49	25383-2	趣味密码术与密写术	M. Gardner 著，王善平 译
50	26230-8	莫斯科智力游戏：359 道数学趣味题	B. A. Kordemsky 著，叶其孝 译
51	36893-2	数学之英文写作	汤涛、丁玖 著
52	35148-4	智者的困惑 —— 混沌分形漫谈	丁玖 著
53	47951-5	计数之乐	T. W. Körner 著，涂泓 译，冯承天 校译
54	47174-8	来自德国的数学盛宴	Ehrhard Behrends 等著，邱予嘉 译
55	48369-7	妙思统计（第四版）	Uri Bram 著，彭英之 译

网上购书： www.hepmall.com.cn, www.gdjycbs.tmall.com, academic.hep.com.cn, www.china-pub.com, www.amazon.cn, www.dangdang.com

其他订购办法：
各使用单位可向高等教育出版社电子商务部汇款订购。
书款通过支付宝或银行转账均可，支付成功后请将购买
信息发邮件或传真，以便及时发货。购书免邮费，发票
随书寄出（大批量订购图书，发票随后寄出）。

单位地址： 北京西城区德外大街4号
电　话： 010-58581118
传　真： 010-58581113
电子邮箱： gjdzfwb@pub.hep.cn

通过支付宝汇款：
支 付 宝：gaojiaopress@sohu.com
名　　称：高等教育出版社有限公司

通过银行转账：
户　名：高等教育出版社有限公司
开 户 行：交通银行北京马甸支行
银行账号：110060437018010037603

图书在版编目（CIP）数据

数学群星璀璨 / 丘成桐等主编. -- 北京: 高等教
育出版社, 2018.3
　　（数学与人文; 第 23 辑）
　　ISBN 978-7-04-049517-1

　　Ⅰ. ①数… Ⅱ. ①丘… Ⅲ. ①数学–普及读物 Ⅳ.
①O1-49

中国版本图书馆 CIP 数据核字（2018）第 043313 号

策划编辑	李华英
责任编辑	李华英　李　鹏　赵天夫
封面设计	王凌波
责任校对	王　雨
责任印制	韩　刚

出版发行	高等教育出版社
社　　址	北京市西城区德外大街 4 号
邮政编码	100120
购书热线	010-58581118
咨询电话	400-810-0598
网　　址	http://www.hep.edu.cn
	http://www.hep.com.cn
网上订购	http://www.hepmall.com.cn
	http://www.hepmall.com
	http://www.hepmall.cn
印　　刷	北京汇林印务有限公司
开　　本	787mm×1092mm　1/16
印　　张	12.25
字　　数	220 千字
版　　次	2018 年 3 月第 1 版
印　　次	2018 年 3 月第 1 次印刷
定　　价	29.00 元

本书如有缺页、倒页、脱页等质量问题，请到所购图书销售部门联系调换
版权所有　侵权必究
物 料 号　49517-00